Adane Tesfaye

Bionomia do pulgão da ervilha Acyrthosiphon Pisum Harris na leguminosa das terras altas

Adane Tesfaye

Bionomia do pulgão da ervilha Acyrthosiphon Pisum Harris na leguminosa das terras altas

ScienciaScripts

Cover image: www.ingimage.com

This book is a translation from the original published under ISBN 978-620-2-00481-7.

Publisher:
Sciencia Scripts
is a trademark of
Dodo Books Indian Ocean Ltd. and OmniScriptum S.R.L publishing group

120 High Road, East Finchley, London, N2 9ED, United Kingdom
Str. Armeneasca 28/1, office 1, Chisinau MD-2012, Republic of Moldova, Europe
Printed at: see last page
ISBN: 978-620-7-76395-5

Índice:

Bionómica do pulgão da ervilha, *Acyrthosiphon pisum* (Harris), em culturas de leguminosas das terras altas cultivadas no noroeste da Etiópia

Por
Adane Tesfaye Lema (PhD), Investigador Sénior
Instituto de Investigação Ambiental e Florestal da Etiópia, Centro de Investigação Ambiental e Florestal da Etiópia Central
Correio eletrónico: adane126@gmail.com ou adane126yem@yahoo.com
Telemóvel: +251-918-761349
Adis Abeba, Etiópia
2017

DEDICAÇÃO

Dedico este manuscrito ao meu querido e falecido pai, ***Priest*** **TESFAYE LEMA,** e ao tio ***Merigeta*** **TIBEBU KASSIE**, que estavam muito empenhados em ver o meu sucesso na carreira académica e pela sua parceria dedicada no sucesso de toda a minha vida.

ESBOÇO BIOGRÁFICO

O autor nasceu na Etiópia, Estado Regional Nacional de *Amhara*, Zona Administrativa de *Gondar* Sul, *Distrito de Ebnat*. *Concluiu* toda a sua educação pré-universitária na cidade de *Woreta*, na Escola Primária e Secundária *de Woreta*. Concluiu o ensino básico e secundário na escola secundária de Woreta, na cidade de *Woreta, em* 1990. Ingressou na então Universidade de Agricultura de Alemaya (AUA), atualmente Universidade de Haramaya (HU), em setembro de 1990. Licenciou-se em Agricultura (especialização em Ciências Vegetais) em julho de 1994.

Em setembro de 1998, ingressou no Instituto Indiano de Investigação Agrícola, Índia, Nova Deli, para os seus estudos de pós-graduação em Entomologia, Gestão de Pragas de Insectos e Química Agrícola, concluídos em setembro de 2001. Participou em vários tipos de seminários e formações sobre produção e proteção de culturas e gestão de riscos de catástrofes no estrangeiro e no país. Trabalhou no Instituto de Investigação Agrícola da Região de *Amhara*, nos centros de investigação agrícola de *Sirinka* e *Adet* (1 de julho de 1995 - 30 de março de 2005). Trabalha como professor na Faculdade de Agricultura e Ciências Ambientais da Universidade de Bahir Dar desde 1 de abril de 2005. Entrou para a Escola de Estudos Graduados da Universidade de Haramaya em março de 2008 para os seus estudos de doutoramento. Além disso, é um dos fundadores da Faculdade de Agricultura e Ciências Ambientais e do Departamento de Gestão do Risco de Catástrofes e Desenvolvimento Sustentável da Universidade de Bahir Dar.

Atualmente, trabalha no Instituto de Investigação Ambiental e Florestal da Etiópia, no Centro de Investigação Ambiental e Florestal da Etiópia Central, na Direção de Investigação sobre Proteção Florestal como investigador sénior e coordenador dos processos de investigação sobre proteção florestal.

AGRADECIMENTOS

Em nome do Pai, do Filho e do Espírito Santo, um só Deus Amém!

É com grande prazer que exprimo o meu profundo sentimento de gratidão ao **Dr. Ferdu Azerefegn**, Professor Associado da Faculdade de Agricultura da Universidade de Hawassa e meu orientador principal, pela sua prudente e valiosa orientação na minha dissertação. O seu interesse ativo, as suas sugestões construtivas, o seu encorajamento constante e a sua cooperação sincera ao longo de toda a investigação tornaram possível a realização deste trabalho com êxito. Gostaria de expressar os meus sinceros agradecimentos ao **Dr. Melaku Wale**, Professor Associado da Faculdade de Ciências Naturais da Universidade de Bahir Dar e meu co-orientador, que apresentou sugestões úteis, comentários valiosos e grande interesse durante o meu estudo.

Estou também grato ao **Dr. Tadele Tefera,** Cientista Principal do CIMMYT, Nairobi, por ter facilitado a organização do meu trabalho de curso e pelos seus comentários profissionais sobre o desenvolvimento da minha proposta de investigação quando trabalhava na Universidade de Haramaya.

Também estou grato e expresso a minha sincera gratidão a **R.D. Gautama,** Cientista Principal do Instituto Indiano de Investigação Agrícola, Nova Deli, Índia, pelos seus conselhos e comentários construtivos sobre o manuscrito.

Gostaria de agradecer à Universidade de Bahir Dar pela concessão de licença académica e pelo apoio financeiro e material. Gostaria também de registar a minha profunda gratidão ao Ministério da Educação pelo apoio financeiro. Gostaria de agradecer aos meus colegas do Centro de Investigação Agrícola de Adet, os investigadores Bayu Belay, Belesti Yeshalem, Baye Berihun, Alemayehu Assefa, Landuber Wondale, Yehenew Tesfaye e outros, que me apoiaram em termos de aconselhamento técnico, recolha de dados, apoio moral e fornecimento de outros materiais de investigação, bem como pela criação de um bom ambiente de trabalho que facilitou o meu trabalho de investigação.

O meu apreço e agradecimento vão também para o pessoal da Faculdade de Agricultura e Ciências Ambientais da Universidade de Bahir Dar, Yeshiwas Alemnew, Tarekegn Ayalew, Misganaw Teshager, Dr. Temesgen Tilahun, Dr. Getachew Alemayehu, Dr. Merkuz Abera, Dr. Kefyalew Alemayehu, Dr. Belayneh Ayele e Dr. Hailu Mazengia, pela sua cooperação durante a minha experiência de campo e a redação da investigação. Os meus agradecimentos especiais vão também para o Centro de Investigação Agrícola de Debre Zeit, que gentilmente forneceu genótipos melhorados e outros genótipos de culturas de leguminosas seleccionadas para a minha investigação. Agradeço também ao pessoal da Escola Superior de Agricultura de Woreta, Ato Tesfaye Molla, ao falecido Ato Bimerew, a Fentie e a Mandefro pela sua valiosa assistência técnica durante a experiência de campo em *Woreta*

Estou em dívida para com os meus amigos Belay Tseganeh, Kassa Gullie, Gashaw Fentie, John Wendt, Deanne Shulman, Lucia Schmit, Mike Dougherty, Brehan Doud, Yigezaw Gebeyehu, Tigabu Hadery, Mebrat Senusi, Gebeyehu Belay e outros pelo seu apoio moral constante e sugestões durante a investigação e redação do manuscrito.

Não tenho palavras para exprimir os meus sinceros agradecimentos à minha mãe, W/o Libsitu Kassie; às minhas irmãs Eneye Tesfaye, Himanot Tibebu, Fasika Sendek, Mastewal Lakew, Marie Yenealem e Yidenku Tiruneh; aos meus irmãos Girma Tesfaye, Ameha Tesfaye, Dessie Tesfaye, Tsega Tegegne, Alemnew Asfaw, Misganaw Zerihun, Lejalem Mulu e Bezahun Zewdie, que me inspiraram, educaram, guiaram e modelaram constantemente. Tsega Tegegne, Alemnew Asfaw, Misganaw Zerihun, Lejalem Mulu e Bezahun Zewdie, que me inspiraram, educaram, guiaram e modelaram constantemente na realização dos sonhos do meu falecido pai, o padre Tesfaye Lema, e do meu tio *Mergeta* Tibebu Kassie.

Por último, exprimo o meu amor especial e a minha afectuosa gratidão à minha querida esposa, W/o Yemeserach Zewdie, pelo seu constante encorajamento e por assumir todas as responsabilidades familiares, bem como às minhas filhas Yordanos Adane e Nohamin Adane e aos meus filhos HaileEyesus Adane e Bruk Adane pelo seu grande interesse, apoio moral e acompanhamento da minha modelação diária para a sua futura carreira. Acima de tudo, gostaria de agradecer ao Ser Supremo, o Deus Todo-Poderoso, por me ter dado a paciência e a resistência necessárias para concluir o meu estudo.

RESUMO

A Etiópia é um grande produtor de leguminosas alimentares de estação fria, incluindo a fava (*Vicia faba* L.), a ervilha forrageira (*Pisum sativum* L.), a lentilha (*Lens culinaris* Medik), a ervilha forrageira (*Lathyrus sativus* L.) e o grão-de-bico (*Cicer arietinum* L.). A maioria destas variedades de culturas torna-se vulnerável aos danos causados pelo pulgão da ervilha, especialmente *Acyrthosiphon pisum* (Harris). O afídeo da ervilha causa danos directos e indirectos às culturas. Foram utilizados vários modelos experimentais e recolhidos dados, incluindo o número de pulgões da ervilha por planta em várias fases de crescimento da cultura, dias de pulgão da ervilha, taxa de crescimento do pulgão da ervilha, danos do pulgão da ervilha, rendimento de grãos e componentes do rendimento das variedades de culturas durante dois anos consecutivos (2009/10 e 2010/11). Foram utilizados testes simples, duplos e de escolha múltipla para determinar a preferência e o desempenho da ervilha forrageira, da fava, da lentilha e da ervilha forrageira no Centro de Investigação Agrícola Adet em condições de estufa. Foram utilizadas variedades locais e melhoradas de cada cultura. Os resultados revelaram que as variedades de ervilha forrageira, lentilha e ervilha forrageira eram mais preferidas do que as variedades locais e melhoradas de fava. Os pulgões da ervilha tiveram melhor desempenho na ervilha forrageira local. As lentilhas foram igualmente preferidas como a ervilha forrageira e a ervilha forrageira, mas transportaram menos afídeos da ervilha, talvez devido ao seu baixo valor nutritivo. A taxa de crescimento do pulgão da ervilha variou consoante as variedades de culturas e as fases de crescimento. A taxa máxima de crescimento, ou seja, 153 pulgões da ervilha, foi registada na ervilha local. A forte pressão populacional do pulgão da ervilha na ervilha forrageira e nas lentilhas resultou na morte completa das plantas antes de 30 dias após a infestação. Os dias acumulados de pulgão da ervilha foram mais elevados na ervilha forrageira e na ervilha forrageira do que no feijão-frade e na lentilha. No teste de escolha simples, a densidade média de pulgões da ervilha por 5 plantas variou entre 1,8 aos 5 dias após a infestação de pulgões (DAI) na fava (variedade melhorada, nomeadamente Adet Hana) e 321,5 aos 20 DAI na ervilha forrageira (variedade local). Nos testes de escolha dupla e múltipla, os afídeos precisaram de uma duração inferior a um dia para infestar as plantas de ervilha forrageira, lentilha e ervilha forrageira; levaram 5 a 11 dias para infestar a fava. No teste de dupla escolha, o desempenho dos afídeos da ervilha variou com diferentes combinações de variedades de culturas. Nenhuma das plantas testadas era imune, mas as taxas de crescimento da população e a velocidade de infestação após a exposição variaram, indicando o seu potencial para exploração futura.

Foram testadas variedades locais e melhoradas de ervilha e lentilha para determinar as fases de crescimento susceptíveis e o tempo de infestação contra os danos causados pelo pulgão da ervilha. Neste ensaio, as variedades de culturas foram infestadas com a libertação de 10 a 15 pulgões alados da ervilha nas fases de crescimento de 6 folhas (6-LS), 50% de floração (50 FS) e 50% de inchamento das vagens (50 PS) e comparadas com as variedades protegidas para a medição do rendimento e dos componentes do rendimento. Os resultados revelaram que, à medida que as variedades de culturas, as fases de crescimento da infestação e o tempo de observação variavam, o número de pulgões apteros e alados da ervilha, bem como o rendimento e os componentes do rendimento variavam. Em todas as variedades de culturas, fases de infestação e tempo de observação estudados, o número de afídeos ápteros da ervilha foi sempre superior ao do afídeo alado da ervilha. O maior número de picos de pulgões ápteros e alados de ervilha em qualquer variedade de cultura em todas as fases de infestação foi registado aos 28 dias após a infestação, mas o menor número de pulgões ápteros e alados de ervilha foi registado aos 7 dias após a infestação. Em todas as variedades, nas várias fases de infestação, as variedades melhoradas, como alemaya e wassie, foram mais críticas do que as locais em qualquer fase de crescimento. A fase de crescimento da infestação a 50 PS tinha mais pulgões apterous e alate pea do que 50 FS e 6 -LS. i.e número de pulgões apterous e alate pea população acumulada em variedades de culturas de ervilha (local e wassie) em 50 PS fases de crescimento infestação de pulgões de ervilha foi significativamente maior do que 6-LS e 50 FS fases de crescimento de pulgões de ervilha infestados. O número de vagens totais e cheias de todos os tratamentos infestados foi significativamente inferior ao do tratamento protegido. Para além disso, o número de vagens totais e de vagens cheias e as perdas de biomassa e de rendimento de grãos foram muito mais elevados na infestação da fase inicial da cultura (6-LS) do que na infestação das fases intermédia (50 FS) e tardia (50 PS) da cultura. A perda de biomassa e de rendimento de grãos em variedades de culturas infestadas no estádio 6-LS foi superior à das variedades de culturas infestadas nos estádios de crescimento 50 FS e 50 PS. Por conseguinte, os resultados do estudo revelaram que a diferença entre as variedades de culturas e a infestação nas fases de crescimento das culturas se torna crítica para a acumulação da população de afídeos da ervilha (ápteros e alados), para o rendimento e para os componentes do rendimento das culturas infestadas.

O voo do pulgão da ervilha e a densidade populacional na ervilha foram estudados durante dois anos em dois locais, *Woreta* e *Wondata*. A infestação de pulgões da ervilha começou na última semana de setembro em ambas as épocas de cultivo. Os pulgões alados da ervilha foram capturados a partir de 13 de outubro, tanto em *Woreta* como em *Wondata.* O período de pico de voo dos pulgões da ervilha em *Woreta* foi entre 11 e 26 de janeiro (47 - 49 alados por armadilha de água amarela) na época agrícola de 2010/11 e 11 de janeiro (15,4 alados por armadilha de água amarela) em 2009/10. Em *Wondata*, embora o número de pulgões da ervilha capturados em 2010/11 tenha sido superior ao de 2009/10, o período de pico de voo mais elevado dos pulgões da ervilha em ambas as épocas de cultivo foi na segunda semana de novembro (43 - 49 alados por armadilha de água amarela). Em todas as épocas de cultivo, o voo de pulgões alados da ervilha começou e parou mais cedo no caso de Wondata, em comparação com o local de estudo de *Woreta.* As práticas agrícolas influenciaram a densidade populacional do pulgão da ervilha. Em Wondata, a população de pulgões da ervilha foi significativamente maior na cultura de ervilha cultivada após o pousio do que no milho sob sementeira e após o teff. No entanto, no caso de *Woreta,* foram observadas populações mais elevadas de pulgões da ervilha na ervilha plantada após o teff e após o pousio.

2009/10 e 2010/11, respetivamente. O período de pico mais elevado da população de pulgões da ervilha em Wondata, após o pousio, sob sementeira de milho e após a prática agrícola do teff, foi registado em 27 de dezembro de 2009 e 10 de fevereiro de 2011, 27 de dezembro de 2009 e 26 de janeiro de 2011, e 11 de janeiro de 2010 e 26 de janeiro de 2011, respetivamente. No entanto, o período de pico mais elevado para a acumulação da população de pulgões da ervilha nos campos dos agricultores de *Woreta* foi registado entre 27 de novembro e 12 de dezembro, em pousio e após a prática agrícola do arroz e do teff, respetivamente. A flutuação das temperaturas máxima e mínima não determinou a extensão da população de pulgões da ervilha, ao passo que a variação da precipitação e da humidade relativa afecta a dinâmica da população e os padrões de voo dos pulgões da ervilha. Na primeira época de cultivo (2009/10), o período de seca foi muito longo e ventoso, especialmente em *Woreta.* Devido a estes factores climáticos e à época de plantação, o desempenho dos afídeos da ervilha foi muito baixo em todas as práticas agrícolas monitorizadas.

A flutuação *da população de* pulgões da ervilha e o seu efeito no desempenho da ervilha aumentaram exponencialmente entre os 60DAE e os 120DAE e depois diminuíram a partir dos 135DAE até à colheita. A densidade do pulgão da ervilha e os dias de pulgão da ervilha foram mais elevados em 2009/10 do que em 2010/11. As parcelas que não foram pulverizadas com inseticida (desprotegidas) suportaram significativamente mais pulgões da ervilha do que as protegidas. O número de pulgões da ervilha também foi maior em *Wondata* do que em *Woreta.* A densidade do pulgão da ervilha, os dias de pulgão da ervilha, a percentagem de danos na ervilha, o peso da biomassa e o rendimento dos grãos foram altamente significativos (a P = 0,001 e alfa = 0,05) em relação ao local, à época de cultivo, ao tratamento inseticida e às fases de crescimento da cultura. A percentagem de danos nas parcelas não protegidas (42-53%) em *Wondata* foi significativamente maior do que nas parcelas protegidas (16-20%) em todas as épocas de cultivo e nas duas primeiras datas de sementeira (Early e Mid). Por outro lado, em *Woreta,* embora a percentagem de danos nas parcelas não protegidas (11-26%) tenha sido superior à das parcelas protegidas (8,3-20%), não houve diferença significativa entre as épocas de cultivo e as datas de sementeira. Da mesma forma, a biomassa e o rendimento de grãos obtidos em parcelas não protegidas em *Wondata* foram altamente significativos do que em parcelas protegidas. Em *Woreta, a* tendência da biomassa e do rendimento de grãos foi semelhante, embora não tenha havido diferença significativa entre as parcelas protegidas e não protegidas e as datas de sementeira. A perda de biomassa e de rendimento de grãos devido à diferença de data de plantação e ao tratamento inseticida em *Wondata* varia entre 15,42 - 47,3% e 24. 45 - 93,87%, respetivamente. Em *Woreta, a* perda foi muito menor, mas a tendência foi semelhante em função da estação e da data de sementeira, que variou entre 5,3-26,5% e 4,6-69,33%, respetivamente.

Em conclusão, os resultados obtidos sobre a preferência e o desempenho das plantas hospedeiras e a infestação de várias variedades de culturas em várias fases de crescimento levaram-nos a determinar as variedades de culturas mais susceptíveis, bem como a infestação nas fases de crescimento das culturas, para estudos posteriores e desenvolvimento de estratégias de gestão adequadas, como o desenvolvimento de variedades resistentes. O conhecimento aprofundado dos padrões de voo do pulgão da ervilha, da dinâmica populacional, dos factores de mortalidade e das reacções dos genótipos ao longo de várias estações, locais, práticas agrícolas e condições meteorológicas ajuda a prever a ocorrência de pulgões da ervilha e a conceber estratégias adequadas de gestão do pulgão da ervilha.

Palavras chave: **Pulgão da ervilha, *Acyrthosiphon pisum* (Harris), *preferência, desempenho, estágios de infestação, padrão de voo, dias de pulgão da ervilha, taxa de crescimento do pulgão da ervilha e biomassa e rendimento de grãos***

Capítulo 1

Introdução

A Etiópia produz grandes variedades de culturas, que incluem cereais, leguminosas, oleaginosas, estimulantes, fibras, frutos, produtos hortícolas, raízes e tubérculos e cana-de-açúcar. Os cereais e as leguminosas são importantes culturas alimentares e de rendimento para os agricultores e as famílias rurais na Etiópia. As leguminosas secas não são tão cultivadas como os cereais no país, em termos de área e de produção. A contribuição destas culturas na campanha agrícola de 2001/2002, em termos de área e produção, para a área e produção totais do país foi de cerca de 13% e 9%, respetivamente (Kemal *et al.*, 2006). Para além disso, a CSA (2012) relatou que as leguminosas ocupam 13% da área cultivada e são o segundo elemento mais importante na dieta nacional depois dos cereais.

Na Etiópia, Imiru (1980) enumerou 12 espécies de leguminosas para grão cultivadas em zonas de baixa altitude (< 1500 m.a.s.l.), enquanto Ohlander (1980) referiu 28 espécies, incluindo leguminosas das terras altas, cultivadas no país numa ou noutra altura. As altitudes inferiores a 1500 metros são geralmente consideradas terras baixas na Etiópia. As principais culturas de leguminosas das terras altas (leguminosas alimentares de estação fria) na Etiópia são enumeradas por Asfaw *et al*, (1994) e o IFPRI (2010) incluem o feijão-frade (*Vicia faba* L.), a ervilha forrageira (*Pisum sativum* L.), a lentilha (*Lens culinaris* Medik*)*, a ervilha-de-cheiro (*Lathyrus sativus* L.), o grão-de-bico (*Cicer arietinum* L.), o feno-grego (*Trigonella foenum-graecum* L.) e o tremoço (*Lupinus albus* L.*)*. As terras altas centrais de Shewa, as terras altas de Gojam, Gondar, o norte de Wolo e partes de Tigray são as principais zonas de produção (NSIA, 1998, 1999). *Wolega, Arsi* e *Bale* constituem também as segundas maiores zonas de produção (Asfaw *et al.*, 1994). Estas leguminosas alimentares de estação fria constituem 86% da área total e 88% da produção de leguminosas (CSA, 1987). Além disso, a ervilha é uma importante cultura de importância económica na Etiópia (Dawit *et al.*, 2005; CSA, 2007; CSA, 2012). É a quinta cultura de leguminosas mais importante no país e cobre cerca de 9% da área total de cultivo de leguminosas (CSA, 2007 e 2012).

A Etiópia é atualmente um dos dez maiores produtores mundiais de leguminosas, o segundo maior produtor de feijão-frade, a seguir à China, e o quinto ou sexto maior produtor de grão-de-bico. Na Etiópia, as leguminosas são a terceira maior cultura de exportação, a seguir ao café e às sementes oleaginosas, e representam um sector de exportação de 90 milhões de dólares (IFPRI, 2010).

1.1. Importância das culturas de leguminosas

Tanto os seres humanos como os animais consomem as leguminosas em grandes quantidades. A seguir aos cereais, as leguminosas são a segunda fonte mais importante de alimentação humana e animal. As espécies de leguminosas importantes para cereais, pastagens e agroflorestas incluem 670 a 750 géneros e 18 a 19 mil espécies (Polhill *et al.*, 1981).

As leguminosas para grão representam 27% da produção primária de culturas a nível mundial e 33% das necessidades alimentares de azoto proteico (N) dos seres humanos (Vance *et al.*, 2000). Em condições de subsistência, a percentagem de azoto proteico de leguminosas na dieta pode atingir o dobro deste valor. Por ordem de classificação, o feijão, a ervilha (*P. sativum* L.*), o* grão-de-bico (C. *arietinum* L.*), o feijão-frade* (*V. faba* L.*),* o feijão-porco (*Cajanus cajan), o* feijão-frade (*Vigna Unguiculata* (L.)*)* e a lentilha constituem as principais leguminosas alimentares (NAS, 1994).

A contribuição das leguminosas para os meios de subsistência dos pequenos agricultores é múltipla. Em primeiro lugar, as leguminosas podem desempenhar um papel significativo na melhoria da segurança alimentar dos pequenos agricultores, como fonte acessível de proteínas (as leguminosas constituem aproximadamente 15% da dieta média etíope) e de outros nutrientes essenciais. Como fonte de proteínas, as leguminosas são mais acessíveis para os pequenos agricultores do que a carne, o peixe e os produtos lácteos, e para os 40% de etíopes que praticam o cristianismo ortodoxo, as leguminosas tornam-se a maior fonte de proteínas durante os períodos de jejum (IFPRI, 2010).

Em segundo lugar, as leguminosas podem ter um benefício de rendimento para os pequenos agricultores, tanto em termos de diversificação como porque produzem uma margem bruta mais elevada do que os cereais. Por exemplo, a análise da cadeia de valor das leguminosas do IFPRI (2010) mostra os benefícios de rendimento da diversificação de cereais para leguminosas para um pequeno agricultor. Esta análise demonstra o lucro líquido do trigo, da cevada e do teff, em comparação com o feijão-frade e o grão-de-bico. Os resultados demonstram que as leguminosas são geralmente mais rentáveis do que os cereais, dando aos pequenos agricultores um incentivo económico para aumentar a produção de leguminosas. O feijão-frade proporciona o maior rendimento líquido entre as culturas consideradas, enquanto o grão-de-bico proporciona rendimentos mais elevados do que a cevada e o teff, mas rendimentos comparáveis aos do trigo.

Para além das utilizações tradicionais como alimento e forragem, as leguminosas podem ser moídas em farinha, utilizadas para fazer pão, donuts, tortilhas, batatas fritas, pastas para barrar e snacks extrudidos (Graham e Vance, 2003) ou utilizadas na forma líquida para produzir leites, iogurtes e fórmulas para lactentes (Garcia *et al.*, 1998). As leguminosas têm sido utilizadas na indústria para preparar plásticos biodegradáveis (Paetau *et al.,* 1994), óleos, gomas, corantes e tintas (Morris, 1997).

1.2. Insectos pragas das culturas de leguminosas

O espetro de pragas das leguminosas é vasto e extremamente diversificado. As leguminosas estão entre as culturas mais atacadas e a lista publicada por Singh *et al.* (1978) inclui mais de quinhentas pragas. Na Etiópia, foram registadas cerca de vinte espécies de insectos pragas em leguminosas alimentares de estação fria em condições de campo e de armazenamento (Schumutterer, 1969, 1971; Crowe *et al.*, 1977, 1983; Tsedeke *et al.*, 1982; Kemal, 1986; Kemal e Tibebu, 1994). Entre estes, os principais são *Helicoverpa armigera* (Hübner), *Acyrthosiphon pisum* (Harris), *Aphis craccivora* Koch, *Aphis fabae* Scopoli e *Agrotis segetum* (Schumutterer, 1969, 1971). Os principais insectos pragas economicamente importantes das leguminosas alimentares de estação fria são o pulgão da ervilha (*A. pisum*), a lagarta africana (*H. armigera*) e o bruquídeo do feijão (*Callosobruchus chinensis*). Recentemente, o bruquídeo da ervilha (*Bruchus pisorum*) também se tornou uma praga importante da ervilha-de-cheiro no norte e centro da Etiópia (Abraham, 2008).

1.3. Pulgão da ervilha, *Acyrthosiphon pisum* (Harris)

Os afídeos são um grupo diversificado de insectos que se alimentam de plantas e que pertencem à família Aphididae da ordem Hemiptera. Encontram-se predominantemente em zonas de clima temperado (Blackman e Eastop, 2000). Pensa-se que a sua distribuição reflecte a sua maior capacidade de sobreviver às condições físicas que prevalecem nas regiões temperadas (Bodenheimer e Swirski, 1957). No entanto, os afídeos que atacam as culturas mantiveram frequentemente o seu estatuto de praga quando foram introduzidos das regiões temperadas para as regiões tropicais e subtropicais do mundo. De acordo com Dixon (1987), espécies de todas as subfamílias de afídeos vivem nas regiões tropicais e subtropicais. O afídeo da ervilha é comummente encontrado em ervilhas cultivadas em áreas de altitude média (1800 - 2200 m.a.s.l.). Mas a gravidade do pulgão da ervilha depende das condições climatéricas (principalmente temperatura e precipitação) que prevalecem durante a época de cultivo (Abraham, 2008).

A nível mundial, estão descritas cerca de 4.700 espécies de Aphididae (Remaudiere e Remaudiere em 1997, citados por Blackman e Eastop, 2007). Destas, cerca de 450 espécies foram registadas em plantas cultivadas (Blackman e Eastop, 2000), mas apenas cerca de 100 espécies exploraram com sucesso o ambiente agrícola ao ponto de terem uma importância económica significativa (Blackman e Eastop, 2007). A maioria das espécies de afídeos não causa danos físicos às suas plantas hospedeiras, embora alguns afídeos causem necrose na planta no local de alimentação, resultando na formação de galhas (Blackman e Eastop, 2000). Algumas espécies de afídeos também causam danos indirectos às plantas, actuando como vetor de vários vírus (Blackman e Eastop, 2000; e Stacey e Fellowes, 2002).

Uma caraterística importante, a sua conhecida reprodução cíclica, ou seja, a partenogénese, distingue os afídeos dos outros Hemiptera e influenciou todos os aspectos da sua biologia. Os afídeos (Aphididae) podem ser reconhecidos por uma série de características morfológicas comuns que se desenvolveram antes da divergência entre as subfamílias actuais. Estas características incluem sifúnculos (órgãos secretores, mas cuja função exacta continua a ser estranhamente misteriosa); antenas de cinco ou seis segmentos compostas por dois segmentos basais e um flagelo segmentado com um processo terminal; dois tarsos segmentados com o primeiro segmento muito mais curto do que o segundo; e uma cauda que é frequentemente utilizada para afastar gotículas de orvalho do ânus. Estas características foram modificadas, reduzidas ou secundariamente perdidas em algumas espécies, mas são evidentes na maioria dos afídeos que são pragas das plantas cultivadas.

O pulgão da ervilha é um pulgão bastante grande, verde ou cor-de-rosa, com apêndices longos e delgados, que forma colónias em plantas jovens e vagens em desenvolvimento de muitas leguminosas; as suas plantas hospedeiras são maioritariamente Fabaceae das tribos Genistae (Cytisus, Genista, Sarothamnus, Spartium), Trifoliate (Medicago, Melilotus, Onions, Trifolium, Trigonella), Fabae (Lathyrus, Lens, Pisum, Vicia) e Hedysareae (Hippocrepis, Onobrychis), colonizando também alguns membros de outras tribos, e.Durante os últimos 25 anos, o pulgão da ervilha tornou-se o principal inseto praga da ervilha forrageira, lentilha e ervilha forrageira (Kemal, 1997; Melaku *et al*, 1998), uma praga menor da fava e um vetor de mais de 30 doenças virais, incluindo vírus não persistentes do feijão, ervilha, beterraba, trevo, cucurbitáceas, narcisos e Brassicaceae, e os vírus persistentes, pea enation mosaic virus (PEMV) e bean leaf roll virus (BLRV) (Blackman e Eastop, 2007). Os afídeos são pragas directas e causam grandes perdas de culturas como pragas directas e como vectores de vírus de plantas, incluindo o vírus do mosaico amarelo do feijão, o vírus do mosaico das veias do trevo vermelho e o vírus da estria da ervilha (Barnett e Diachun 1986).

No primeiro Simpósio Etíope de Proteção das Culturas, realizado em 1985, e na 14th conferência anual da Sociedade de Proteção das Plantas da Etiópia, realizada em 2006, os participantes concordaram unanimemente que o problema era real e sugeriram a realização de investigação séria sobre a gestão dos afídeos na Etiópia (Tsedeke et al., 1986 e Abraham, 2008). Os estudos locais acima referidos (Kemal, 1997; Melaku *et al.*, 1998) e o presente trabalho de tese fazem parte desse esforço porque o problema ainda não está totalmente resolvido. Desde então, têm sido realizados estudos em algumas estações de investigação em todo o país, centrados principalmente na biologia, ecologia e gestão dos afídeos da ervilha. Foi efectuada uma avaliação das perdas de rendimento e foram realizados inquéritos para determinar a escala da sua ocorrência.

A alimentação de afídeos reduz 64% do peso e 113% do conteúdo calórico de plantas jovens de ervilha, durante 11 dias, dependendo do número de afídeos que se alimentam (Barlow *et al.*, 1977). Estudos de avaliação da perda de rendimento devido ao pulgão da ervilha em culturas de leguminosas na Etiópia indicaram perdas consideráveis, tais como 37% na ervilha forrageira (Tadesse, 1990), 69 - 75% na lentilha (DZARC, 1998) e 54-90% na ervilha forrageira (Melaku, 2004). Nos arredores das zonas de wondata e Zema, na região de Amahara, na Etiópia, a quebra de 100% das colheitas obrigou os agricultores a abandonar a ervilha forrageira, a lentilha e a ervilha forrageira e a substituí-las por outras leguminosas de substituição, sobretudo o feijão frade (Melaku, comunicação pessoal).

Foram efectuados estudos sobre biologia, dinâmica populacional e gestão do afídeo da ervilha no AARC, DZARC e HARC (DZARC, 1987; Kemal e Tadesse, 1990; Kemal e Tibebu, 1994; Kemal, 1997; Melaku *et al.*, 1998, 2002 e 2004; Melaku *et al.*, 2000 e 2003). No entanto, ainda existem lacunas de conhecimento, especialmente em relação ao padrão das populações de afídeos da ervilha ao longo de várias estações, às tendências da interação entre o hospedeiro e o inseto praga, à determinação das fases sensíveis dos hospedeiros e à formulação de um pacote de gestão - nomeadamente um sistema de gestão integrada contra os afídeos da ervilha.

1.3.1. Taxonomia e biologia do afídeo da ervilha, *A. pisum* (Harris)

As características morfológicas diagnósticas dos afídeos são as seguintes: (A) a base da probóscide situa-se entre e atrás das coxas anteriores; (B) as antenas têm dois segmentos basais curtos e espessos e um flagelo mais fino; (C) há um tubérculo ocular constituído por três lentes (um triomatídio) situado atrás de cada olho composto; (D) há dois segmentos tarsais; (E) as asas têm apenas uma veia longitudinal proeminente; e (F) há um par de sifúnculos no dorso do quinto segmento abdominal (Dixon,1998).

Os afídeos têm uma cutícula macia; as asas, quando presentes, são membranosas. Os afídeos com asas são conhecidos como alados e os sem asas como ápteros. Nas regiões temperadas, tanto a reprodução sexuada (que produz ovos fertilizados que passam o inverno) como a partenogenética ocorrem alternadamente. O curto período de desenvolvimento e a capacidade das fêmeas adultas de reproduzirem várias ninfas por dia permitem que os afídeos atinjam taxas de crescimento muito elevadas. Os afídeos produzem o fenótipo de que necessitam para se adaptarem às circunstâncias ambientais com que se deparam. Este tipo de variantes discretas induzidas pelo ambiente são designadas por polimorfismos. Se os afídeos se desenvolverem numa planta que está apinhada de muitos outros afídeos, podem desenvolver asas e voar para uma nova planta hospedeira (Blackman, 1987 e Braendle *et al.*, 2005). Os mecanismos que permitem que os afídeos mudem entre morfos alternativos têm permanecido obscuros. Pensa-se que as hormonas conhecidas dos insectos (como a hormona juvenil e a hormona ecdysone) regulam estas mudanças (Hardie, 1980).

A. pisum pertence à ordem: Hemiptera, sub-ordem: Homoptera, superfamília: Aphidoidea, família: Aphididae, subfamília: Aphidinae. *O A. pisum* é um afídeo grande, de cor verde-clara, que vive em membros da família das ervilhas, que inclui ervilhas, feijões e trevos. Como a maioria dos afídeos dos trópicos, *A. pisum* apresenta partenogénese cíclica.

A bilogia do pulgão da ervilha foi estudada em quatro leguminosas: fava (variedade CS-20DK), ervilha forrageira (variedade Mohandefer), lentilha (variedade EL-142) e ervilha forrageira (acesso LS-8246) por Melaku *etal.* (2000). Os pulgões adultos têm corpo mole, 4 a 5 mm de comprimento, e variam em cor de verde claro a verde amarelo com olhos avermelhados. Os adultos e as ninfas têm cornicelas longas e finas. As cornículas (um par de estruturas semelhantes a tubos de cauda que se projectam do abdómen) deste pulgão são carateristicamente longas e delgadas. As ninfas assemelham-se muito aos adultos, exceto que são mais pequenas em tamanho mas semelhantes em forma aos adultos maiores sem asas. As ninfas mudam quatro vezes até atingirem a fase adulta.

Na Etiópia, o afídeo da ervilha tem um ciclo de vida holocíclico (isto é, reproduz-se partenogeneticamente sem produzir formas sexuais) que é típico das espécies tropicais e subtropicais (Kemal e Tadesse, 1990). A viviparidade permite uma exploração rápida da planta hospedeira, uma vez que a sua taxa de multiplicação partenogenética, sem fertilização, é potencialmente enorme. Nas zonas temperadas, os afídeos da ervilha reproduzem-se sexualmente (através de ovos) durante o inverno e partenogeneticamente durante o verão (Davidson e Lyon, 1987).

1.3.2. Distribuição e gama de hospedeiros de *A. pisum* (Harris)

O pulgão da ervilha é uma espécie cosmopolita que foi observada pela primeira vez na Europa e subsequentemente registada na América do Norte (antes de 1882) (Pickering e Gutierrez, 1991), na Ásia (Voronina, 1985; Bhatnagar, 1996), no Médio Oriente (Rassoulian, 1992), na África Oriental (Autrique *et al.*, 1989), na Austrália (em 1980) (Milne, 1986), na Argentina e no Peru, onde se tornou uma praga grave da luzerna, e no Chile (Stary *et al.*, 1993). O pulgão da ervilha foi também registado pela primeira vez na luzerna no Brasil (Sousa-Silva *et a* l., 1998).

O pulgão da ervilha é uma praga amplamente distribuída que se alimenta de pelo menos nove géneros de plantas da família Leguminosae (Blackman, 1974). Os hospedeiros preferenciais são as ervilhas (*P. sativum* L.), a luzerna (*Medicago sativa* L.), o trevo (*Trifolium partense* L.), a ervilhaca (*Vicia villosa* L.) e as lentilhas (*L. culinaris*) (Gyrisco, 1958; Fobers e Frazer, 1973 e Maiteki *et al.*, 1986). A praga também foi registada em soja e feijão-frade por Schmutterer (1971) na parte ocidental da Etiópia. O potencial de prejuízo económico do afídeo da ervilha já foi estabelecido para as ervilhas (Maiteki e Lamb, 1985) e alfafa (Wilson e Quisenberry, 1986).

O pulgão da ervilha foi também reconhecido como uma praga de leguminosas das terras altas, como a ervilha forrageira, a lentilha e a ervilha forrageira, na Etiópia (Crowe *et al.*, 1977, 1983 e Kemal, 1986), mas era um problema esporádico, apenas brevemente referido na literatura antes da década de 1980. Aparentemente, tem importância económica no Quénia e no Burundi (Eastop, 1953).

De um modo geral, a maior parte das localidades conhecidas coincide com a distribuição das principais zonas de cultivo de ervilha forrageira, lentilha e ervilha forrageira da Etiópia. Parece razoável concluir que o afídeo ocorre sempre e onde quer que estas culturas sejam cultivadas, com populações muito elevadas nas altitudes médias (1.500 - 2.200 m.a.s.l.). Kemal (1986) relatou que os afídeos da ervilha pousam regularmente no feijão faba, mas não parecem estar a danificar as plantas. Isto apesar de o feijão-frade ter sido utilizado com sucesso como hospedeiro em estudos laboratoriais noutros locais (Atanassova *et al.*, 1998).

A fava é considerada a planta hospedeira comum do afídeo da ervilha. Birch e Wratten (1984) compararam a ocorrência da praga em 22 espécies silvestres de *Vicia* e referiram que esta é a espécie mais bem sucedida, em comparação com *Aphis fabae* e *Megoura viciae*, tanto em termos de maior aumento potencial como de maior gama de hospedeiros.

1.3.3. Sintomas e danos nas plantas dos afídeos da ervilha

Os afídeos estão entre os insectos pragas mais importantes das zonas temperadas que afectam os rendimentos das leguminosas das terras altas. Causam perdas de rendimento significativas em todo o mundo, incluindo na Etiópia (Asfaw *et al.*, 1994 e Blackman e Eastop, 2000). Os afídeos da ervilha transmitem vírus patogénicos, esgotam os foto assimilados, cobrem as plantas com melada e alteram a fisiologia normal das plantas (Blackman e Eastop, 2000).

O pulgão da ervilha é o pulgão mais comum encontrado nas leguminosas alimentares de estação fria cultivadas na Etiópia, causando graves danos à maioria das culturas de leguminosas das terras altas (ervilha forrageira, lentilha, ervilha, fava e tremoço) e leguminosas forrageiras (trevo, luzerna, trifólio, etc.).

Os adultos e as ninfas sugam os sumos das plantas dos caules, folhas e botões florais, transmitindo assim doenças virais. As avaliações efectuadas para determinar o significado económico do afídeo da ervilha revelaram a sua importância. Para além dos danos directos causados pela alimentação, as perdas causadas pela transmissão de doenças virais são de extrema importância. A análise económica da resposta relativa entre tratamentos pulverizados e não pulverizados em 1984/85 indicou que ocorreram perdas na ordem dos 13 a 33% devido ao ataque do afídeo da ervilha (Abraham, 2008). Resultados semelhantes foram também obtidos num trabalho de continuação realizado em 1986 e 1987, em que foram registadas perdas de 15,6 a 33% em quatro variedades de ervilha de campo avaliadas em condições pulverizadas e não pulverizadas (DZARC, 1987).

Danos directos às plantas cultivadas

A alimentação faz com que as culturas de leguminosas de terras altas e as leguminosas forrageiras fiquem amarelas e murchem e, em infestações pesadas, os topos morrem. A infestação também provoca o atrofiamento das plantas, com folhas pequenas e caules espigados, e atrasa a floração. Qualquer atraso na floração pode comprometer a maturidade das sementes e a reprodução das abelhas forrageiras. Se os danos forem graves e prolongados, as folhas podem cair das plantas gravemente infestadas. Os afídeos produzem material açucarado e pegajoso, o "orvalho de mel", que se nota nas plantas em infestações moderadas a graves.

Danos indirectos

O pulgão da ervilha, *Acyrthosiphon pisum* (Harris) (Homoptera: Aphididae), afecta negativamente a saúde e o vigor das leguminosas alimentares de estação fria, como as ervilhas, *Pisum sativum* L., sugando a seiva das folhas, caules e vagens e transmitindo vírus (Clement, 2006). Estes vírus são transmitidos de forma persistente [género *Enamovirus, Pea enation mosaic virus* (PEMV); género *Luteovirus, Bean leaf roll virus* (BLRV)] e não persistente [género *Alfamovirus, Alfalfa mosaic virus* (AMV); género *Carlavirus, Pea streak virus* (PeSV)] pelo afídeo da ervilha (Kaiser *et al.* 2000).

Isto indica que o afídeo da ervilha se tornou um importante vetor de doenças virais das leguminosas (Zitter e Provvidenti, 1984). As glândulas salivares acessórias dos afídeos são importantes na transmissão de vírus (Glidow *et al.*, 2000). As partículas de vírus são observadas no lúmen do ducto salivar. Os vírus do pulso são transmitidos de forma persistente ou não persistente por insectos (principalmente afídeos). O modo de transmissão tem implicações na forma como um vírus se desenvolve no campo e na sua gestão (Kennedy *et al.*, 1962). Os vírus não persistentes estão concentrados na epiderme da planta, e os afídeos adquirem o vírus quando sondam a superfície das plantas infectadas. Os afídeos podem adquirir estes vírus com uma única sonda, em segundos, e também podem transmiti-los subsequentemente a uma planta saudável em segundos. No entanto, o pulgão retém os vírus não persistentes durante um curto período de tempo, geralmente apenas uma ou duas horas. Após esse período, o pulgão deixa de poder transmitir o vírus, a menos que se alimente de outra planta infetada (Ready e Mayo, 2002). Devido à rápida aquisição e transmissão dos vírus não persistentes, os insecticidas têm pouco ou nenhum efeito na redução da propagação pelos afídeos. Exemplos de vírus não persistentes propagados por afídeos incluem o vírus Y da batateira e o vírus do mosaico da luzerna. O pulgão da batateira e o pulgão verde do pessegueiro são vectores altamente eficientes de vírus não persistentes, embora outras espécies de pulgões possam também transmitir estes vírus.

Os vírus persistentes concentram-se no floema, e os afídeos só adquirem o vírus depois de se alimentarem do floema durante algum tempo. Este processo demora, no mínimo, 30 minutos após a sondagem de uma planta e, muitas vezes, bastante mais tempo. Quando um afídeo adquire um vírus persistente, o vírus circula internamente no inseto e acaba por migrar para a glândula salivar acessória (Ponsen, 1972). A conclusão desta circulação no interior do inseto pode demorar alguns dias após a alimentação numa planta infetada. No entanto, uma vez que o vírus começa a aparecer nas glândulas salivares, o pulgão continuará a transmiti-lo durante o resto da sua vida. Os insecticidas podem ser um pouco mais eficazes na redução da propagação de vírus persistentes do que de vírus não persistentes, sobretudo se o inseticida incapacitar rapidamente o pulgão vetor. Os afídeos não transmitem os vírus de transmissão mecânica, como o vírus X da batateira.

1.3.4. Dinâmica populacional do afídeo da ervilha, *A. pisum* (Harris)

A dinâmica populacional do afídeo da ervilha foi estudada em campos de ervilha em *Denbi, Kulumsa* (Kemal, 1999) e *Adet* e *Zema* (Melaku, 2002) na última década. Em *Dembi* e *Kulumsa,* foram observados dois picos, um em finais de agosto e outro em meados de setembro. Em *Adet* e *Zema,* a população de afídeos da ervilha atingiu o seu pico em agosto e principalmente em setembro, respetivamente. Ambos os estudos descreveram alterações na abundância do afídeo da ervilha durante o período de crescimento da cultura, entre junho e outubro/novembro (AARC, 2002 a e b).

Por outro lado, a dinâmica populacional do afídeo da ervilha foi estudada em *Debre Zeit*, de 1993/94 a 1996, em lentilhas cultivadas durante todo o ano. Embora o pulgão da ervilha infeste a cultura durante os períodos de crescimento e de não crescimento, a população da praga variou de ano para ano. Esta incidência da praga ao longo de todo o ano pode sugerir que esta se encontra em forma ativa em hospedeiros alternativos ou em plantas hospedeiras voluntárias. Atualmente, os danos provocados pelo afídeo da ervilha são mais elevados na ervilha forrageira, tal como aconteceu com a ervilha forrageira e a lentilha. Por conseguinte, os estudos de dinâmica populacional do afídeo da ervilha na ervilha forrageira e na lentilha tornam-se muito importantes. Ao contrário da ervilha forrageira, a ervilha é cultivada em condições de humidade residual, quando a precipitação é escassa, pelo que a chuva não pode lavar os afídeos das plantas de ervilha.

1.3.5. Inimigos naturais de *A. pisum* (Harris)

Os inimigos naturais dos afídeos são comuns em todo o mundo. Bactérias, vírus, protozoários, fungos, nemátodos, aranhas, ácaros, formigas, vespas, escaravelhos, moscas varejeiras, crisopídeos, tesourinhas, percevejos e outros insectos atacam os afídeos. Normalmente, mantêm as populações de afídeos sob controlo. Existem três abordagens gerais de controlo biológico, nomeadamente a importação, o aumento e a conservação de inimigos naturais. Estas técnicas podem ser utilizadas isoladamente ou em combinação num programa de controlo biológico. A presença de afídeos inchados, de cor bronzeada, nos campos, indica geralmente a presença de uma doença fúngica dos afídeos. As doenças fúngicas ocorrem geralmente durante períodos de tempo fresco e húmido. Esta situação está também associada ao aumento das populações de afídeos da ervilha.

Os principais parasitóides, tanto dos ovos como dos adultos, são os braconídeos e os calcídeos, e os predadores mais importantes são os escaravelhos joaninha, os crisopídeos e as larvas de certas moscas syrphid. As populações naturais de insectos benéficos podem ser complementadas através da libertação de espécies disponíveis no mercado, mas isto é frequentemente ineficaz. Os predadores e parasitas devem ter acesso a presas ou a um hospedeiro no momento da libertação, caso contrário abandonarão a zona. É difícil libertar os predadores e parasitas em tempo útil com o aumento das populações de afídeos da ervilha, reduzindo assim a sua migração.

O parasitismo por *Aphidous ervi* afectou significativamente o crescimento da população de afídeos da ervilha, o que se reflectiu em alterações na taxa intrínseca de aumento (r_m), na taxa líquida de reprodução; os estádios imaturos com 6 dias de idade apresentaram r_m e R_0 significativamente mais baixos, T mais curto e tempo de dia mais longo (DT) do que os parasitados como adultos e afídeos saudáveis ($P<0,0001$). O r_m aumentou rapidamente com o aumento da idade dos pulgões quando estes foram parasitados e atingiu um patamar aos 9 e 10 dias de idade (He *et al.*, 2005).

1.3.6. Gestão de *A. pisum* (Harris)

A chave para a gestão dos afídeos, como de qualquer outro inseto praga, é a deteção precoce através de uma prospeção periódica. Os campos devem ser amostrados semanalmente, desde a emergência das plantas até à colheita. As populações podem aumentar 2 a 3 vezes entre as amostragens. Se não for possível efetuar uma amostragem semanal ao longo de toda a estação de crescimento, a cultura deve ser examinada semanalmente durante o período de estabelecimento da cultura. É nesta altura que a cultura de leguminosas é mais suscetível a danos. Mais tarde, o impacto dos afídeos diminui. Se tiverem migrado de um campo adjacente, é provável que se encontrem nos limites do novo campo. Procure sintomas de danos, incluindo a descoloração das folhas das plantas hospedeiras. As infestações graves podem aparecer como manchas grandes, bronzeadas ou castanhas no campo, muitas vezes facilmente visíveis a partir da estrada. Mais tarde, na estação, estas manchas podem aparecer como povoamentos finos. Nas plantas mais jovens, os afídeos podem agrupar-se perto da base das plantas, na parte superior das folhas. Nas plantas mais velhas, verifique a presença de pulgões no interior das folhas. Recolher as plantas cortando as raízes abaixo da coroa.

A produção de leguminosas alimentares de estação fria é severamente prejudicada pelos afídeos da ervilha, especialmente nas zonas mais quentes. A precipitação irregular, a cessação precoce da precipitação e o tempo quente e seco promovem a rápida multiplicação dos afídeos da ervilha (Kemal e Tadesse, 1990). No noroeste da Etiópia, em locais onde o clima é quente e a precipitação é irregular, os agricultores queixam-se de que os afídeos da ervilha afectam gravemente a ervilha forrageira e a ervilha forrageira. Os agricultores do noroeste da Etiópia são também muitas vezes forçados a utilizar a ervilha gravemente danificada para alimentar o seu gado, especialmente na zona de Wondata, um local que circunda as margens do rio Nilo Azul (Melaku, 2004).

Os afídeos da ervilha podem ser geridos através de várias opções de gestão de pragas, como insecticidas, práticas culturais, produtos naturais (botânicos, produtos animais, etc.), inimigos naturais (parasitóides, predadores e insectos patogénicos) e plantas hospedeiras resistentes. Embora os insecticidas sejam os mais eficazes, são caros para as culturas marginais e podem causar danos ambientais quando utilizados de forma inadequada. Outros materiais menos perigosos e económicos, tais como produtos naturais como alho, pimenta, neem; urina de vaca, detergentes e querosene podem controlar algumas pragas e doenças das culturas (Stoll, 2000; Melaku, 2004).

Para além das opções de gestão acima referidas, as condições meteorológicas (como a temperatura, a precipitação, a velocidade e a direção do vento) e as datas de plantação influenciam os afídeos da ervilha em condições de campo. Por exemplo, a medida em que a variação das condições meteorológicas e da data de plantação contribui para a variabilidade da população de afídeos acumulada em diferentes fases de crescimento da planta hospedeira e, mais uma vez, o número de afídeos/planta nas variedades resistentes foi significativamente inferior e diferente das variedades susceptíveis (Agele *et al.*, 2006). Embora o número de afídeos tenha aumentado mais lentamente em plantas sujeitas a stress hídrico, não diminuiu numa fase inicial de crescimento da planta do que as populações em plantas bem regadas (Ross *et al.*, 2001).

A utilização de cultivares resistentes/tolerantes é um meio potencialmente barato e eficaz de controlo de pragas para obter melhores rendimentos. As variações nas condições da planta hospedeira podem ter consequências importantes para a dinâmica da população de herbívoros através dos seus efeitos na oviposição e subsequente desenvolvimento e sobrevivência dos imaturos (Price, 1991). Mais de 1000 acessos de germoplasma e linhas de reprodução de ervilha forrageira foram avaliados em condições de campo em 1990-2000 e foram identificadas 16 linhas resistentes ao afídeo da ervilha (Kemal *et al.*, 2005). Após uma série de etapas de seleção de germoplasma, Holleta local-90, 305ps210689, 061k-2p-2/9/2, 061k-2p-14/7/1, JI898 e 304WA1101937 (linhas de resistência) e uma linha suscetível NEP874UK foram seleccionadas a partir de um teste de seleção com base no seu desempenho e foram sujeitas a um estudo mais intensivo para determinar as suas características de resistência (Kemal *et al.*, 2005).

Por conseguinte, o objetivo geral desta investigação foi o seguinte

Determinar a relação entre a ocorrência do pulgão da ervilha em diferentes variedades de culturas e o estádio de crescimento, a época de plantação, a época de infestação, a aplicação de inseticida, as práticas agrícolas e o clima.

Os objectivos específicos da investigação foram os seguintes

- Determinar a preferência e a ocorrência do pulgão da ervilha, *A. pisum* Harris, em algumas leguminosas seleccionadas
- Determinar o grau de suscetibilidade de diferentes espécies e variedades de leguminosas em diferentes fases de crescimento da cultura

  estádios do ataque do afídeo da ervilha e avaliação de genótipos de ervilha contra a infestação de afídeo da ervilha
- Determinar os padrões naturais de voo do afídeo da ervilha nas épocas de cultivo da ervilha
- Monitorizar a dinâmica do afídeo da ervilha em diferentes práticas agrícolas
- Determinar o efeito da dinâmica sazonal da população de afídeos da ervilha no rendimento da ervilha forrageira

Capítulo 2

Preferência alimentar e desempenho de *Acyrthosiphon pisum* (Harris) (*Homoptera: Aphididae*) em leguminosas alimentares de estação fria no noroeste da Etiópia

2.1. Introdução

Embora a Etiópia se encontre nos trópicos, com a sua extremidade sul a tocar os 3rd graus de latitude, não muito longe do equador, grande parte do seu planalto superior (mais de 2000 m.a.s.l.), que constitui 37% da chamada região Afromontana de África e Arábia (Birdlife International, 2012), goza de um clima temperado e, como resultado, comporta-se mais como o clima mediterrânico, bastante mais fresco. Nestas terras altas, em nítido contraste com grande parte da África tropical, as culturas mais temperadas são cultivadas há milénios. As leguminosas alimentares de estação fria são um grupo que é amplamente cultivado na Etiópia. Do mesmo modo, estas culturas são atacadas por uma variedade de pragas, muitas das quais são de origem temperada, incluindo o pulgão da ervilha, que foi o objeto do presente estudo. As temperaturas frescas resultam do efeito da altitude elevada que desempenha o papel de latitude.

A Etiópia é um grande produtor de leguminosas alimentares de estação fria (Asfaw *et al.*, 1994), incluindo a fava (*Vicia faba* L.), a ervilha forrageira (*Pisum sativum* L.*)*, a lentilha (*Lens culinaris* Medik), a ervilha forrageira (*Lathyrus sativus* L.) e o grão-de-bico (*Cicer arietinum* L.).

As principais zonas de produção são as terras altas centrais de Shewa, as terras altas de Gojam, Gondar, o norte de Wolo e partes de Tigray (NSIA, 1998 e 1999). Wolega, Arsi e Bale constituem também as segundas principais zonas de produção (Asfaw *et al.*, 1994). O noroeste da Etiópia é a principal área de produção de leguminosas de estação fria no país. Em 2013, estima-se que a população da Etiópia seja de cerca de 80 milhões de pessoas, a maioria das quais depende de leguminosas como fonte de proteínas, porque não podem comprar produtos animais na sua dieta.

Estas leguminosas alimentares de estação fria são atacadas por mais de 20 espécies de insectos pragas, mas apenas algumas têm importância económica (Kemal e Tibebu, 1994). O pulgão da ervilha, *A. pisum (Harris)*, a lagarta africana (*Helicoverpa armigera* Hubner) e a bruquídea do feijão (*Callosobruchus chinensis* L.) têm sido objeto de investigação na Etiópia (Tsedeke *et al.*, 1982). *A. pisum* pertence a um grande grupo (~4.000 espécies) de insectos, nomeadamente Aphidinae (afídeos), que se especializam em alimentar-se da seiva do floema das plantas.

O pulgão da ervilha é de origem temperada (Blackman e Eastop 2000, de distribuição cosmopolita (Blackman e Eastop 2007; Sullivan, 2008) e é um inseto praga generalizado de culturas leguminosas como a lentilha, a ervilha forrageira, a ervilha forrageira e o feijão Faba. Estão amplamente distribuídos na América do Norte e na Europa e têm grande sucesso em vários tipos de plantas hospedeiras (trevo, alfafa, ervilha e feijão) (Sharp e Andrade, 1994). Como a maioria dos pulgões, o pulgão da ervilha apresenta uma partenogénese cíclica. O afídeo da ervilha alimenta-se do caule, dos rebentos terminais e dos pecíolos das plântulas e, à medida que a planta amadurece, das flores e das vagens (Jackai e Daoust, 1986). Os afídeos também afectam indiretamente o rendimento das culturas através da transmissão de vírus (Atiri *et al.*, 1984).

Em comparação com muitas outras espécies de afídeos que são totalmente específicas do hospedeiro, o afídeo da ervilha alimenta-se de várias espécies de plantas, nomeadamente alfafas, trevos e favas (Norris e Kogan, 1980). Muitas características intrínsecas das plantas, como o valor nutritivo, as substâncias químicas secundárias e a morfologia, podem influenciar a fecundidade, o crescimento e a sobrevivência destes insectos herbívoros (Norris e Kogan, 1980). Em geral, a utilização de uma planta hospedeira por insectos herbívoros que se caracterizam por estádios imaturos relativamente imóveis (ninfas e larvas) depende em grande medida do comportamento dos insectos pragas, ou seja, do comportamento de seleção pela fêmea adulta e da alimentação sustentada pelo estádio imaturo (Thompson e Pellmyr, 1991). Os estímulos vegetais, ou seja, químicos, visuais e tácteis, medeiam normalmente estes comportamentos (Schoonhoven *et al.*, 2005). No passado, foram realizados na Etiópia estudos sobre alguns aspectos da biologia e ecologia do afídeo da ervilha em várias culturas de leguminosas (por exemplo, Melaku *et al.*,

2000), mas os estudos de preferência não foram abordados da forma mais rigorosa como foram realizados no presente estudo.

Por conseguinte, o objetivo desta experiência foi determinar a preferência alimentar e o desempenho do afídeo da ervilha em culturas de leguminosas comummente cultivadas nas terras altas do noroeste da Etiópia, antecipando o desenvolvimento de um sistema que permita identificar boas plantas hospedeiras para a criação em massa do afídeo da ervilha e escolher as culturas a cultivar em zonas onde o afídeo da ervilha constitui um problema.

2.2. Materiais e métodos

O estudo foi realizado na estufa do centro de investigação agrícola de Adet, no noroeste da Etiópia, situado a 11^0 17'N de latitude, 37^0 43'E de longitude e 2240 m.a.s.l. O local é caracterizado por uma temperatura máxima média anual de 25,5° C; uma mínima de 9,2° C, e uma precipitação anual de 1300 mm. O Noroeste da Etiópia é a principal região produtora de leguminosas de estação fria na Etiópia. As adaptações ecológicas destas leguminosas variam consideravelmente; o feijão-frade, seguido da ervilha forrageira, é o que mais gosta de frio. A ervilha forrageira e a lentilha são culturas que gostam relativamente de calor.

2.2.1. Plantas hospedeiras

A preferência e o desempenho de *A. pisum* foram avaliados em ervilha forrageira (*P. sativum*), ervilha forrageira (*L. sativum*), lentilha (*L. culinaris*) e fava (*V. faba*), que são conhecidas por serem hospedeiras e culturas de leguminosas de terras altas comummente cultivadas na Etiópia. De cada espécie de cultura, foram utilizadas uma variedade local e uma variedade melhorada para efeitos de comparação. As sementes das variedades melhoradas foram obtidas nos centros de investigação agrícola de Adet e Debre Zeit, na Etiópia, enquanto as variedades locais foram adquiridas nos mercados locais. As plantas de teste foram cultivadas isoladamente (testes de escolha única) ou em misturas (testes de escolha dupla e múltipla). A época de plantação foi ajustada (uniforme) de modo a que todas as espécies de culturas germinassem ao mesmo tempo e tivessem uma fase de crescimento semelhante para facilitar a infestação artificial simultânea. As plantas foram infestadas com o pulgão da ervilha após 15 dias de emergência das plântulas.

Em todos os casos, o tamanho dos vasos em que as plantas foram cultivadas era de 15 x 25 x 20 cm, preenchidos com terra preta, o tipo de solo comum na zona, onde as leguminosas são tradicionalmente cultivadas. Foram dadas diferentes opções de hospedeiros aos afídeos para determinar a sua preferência e desempenho.

2.2.2. Cultura de stock de *A. pisum* (Harris)

Os afídeos foram colhidos em explorações de ervilha perto do centro de investigação agrícola Adet e foram mantidos em plantas de ervilha na estufa em condições ambientais (25 ± 2^0 C e HR de 65+ 5%). Os alados foram utilizados para infestar as plantas de ensaio, uma vez que estas formas morfológicas podem migrar e colonizar hospedeiros alternativos. Os pulgões da ervilha foram criados em condições de aglomeração a 20-25^0 C e humidade relativa de 65+ 5% para criar alados.

2.2.3. Definição de não escolha

Foram colocados dois pulgões alados da ervilha numa única planta de cada espécie de cultura na fase vegetativa, ou seja, antes da floração, que foram depois cobertas com uma gaiola de rede numa estufa. As plantas infestadas foram mantidas à temperatura ambiente de 25 ± 2^0 C e humidade relativa de 65+5%. Os tratamentos foram dispostos num esquema completamente aleatório (CRD) com quatro repetições.

O número de pulgões da ervilha nas plantas hospedeiras, ou seja, o número de alados e apetrechados, foi registado em cada espécie de planta 5, 10, 15, 20, 25 e 30 dias após a infestação dos pulgões e foram calculadas a taxa média de crescimento relativo (MRGR), os dias de pulgão da ervilha e os dias acumulados de pulgão da ervilha.

2.2.4. Definição de dupla escolha

As quatro espécies vegetais, cada uma com duas variedades, deram origem a 28 combinações. Cada combinação era o resultado da combinação de duas das variedades de culturas ou espécies de plantas acima referidas. Para o teste propriamente dito, cada combinação ou par foi cultivado lado a lado em vasos. Na fase vegetativa, antes da floração, dez pulgões alados da ervilha foram colocados numa placa de Petri aberta com 5 cm de diâmetro e colocados entre vasos emparelhados com 30 x 25 x 30 cm. As plantas infestadas foram mantidas em gaiolas a 25±2° C e humidade relativa de 65+5%. Os tratamentos foram dispostos em um Delineamento Inteiramente Casualizado (DIC) replicado três vezes. Como o estudo teve 28 combinações e três replicações, o número total de vasos foi de 84.

Duração da colonização em dias após a exposição, O número de pulgões da ervilha foi registado em cada espécie de planta aos 5, 10, 15, 20, 25 e 30 dias após a introdução dos pulgões. Foi calculada a proporção das variedades de comparação de dupla escolha.

Em cada teste de dupla escolha, o número de afídeos em cada variedade foi determinado pela soma dos números de afídeos das três repetições. No total, foram efectuadas 28 combinações neste estudo. Cada um destes testes foi considerado como uma unidade separada, o que exigiu a sua própria análise de proporções. A proporção de pulgões numa variedade foi considerada como P estimado e analisada através do teste Z:

$$Z = \frac{P - \Pi}{SE\ \ P} \qquad (1)$$

onde P representa a proporção calculada, n=0,5 (assumindo igual preferência por ambas as variedades num determinado teste), e SE P representa o erro padrão da estimativa de P, que por sua vez foi calculado como:

$$SE\ \ P = \sqrt{\frac{P(1-P)}{N}} \qquad (2)$$

onde N representa o tamanho da amostra, neste caso 30, porque tínhamos 10 afídeos em cada uma das três repetições.

2.2.5. Escolha múltipla Definição

Cada variedade das quatro espécies de culturas foi cultivada em vasos, oito vasos no total. Os vasos foram dispostos de forma circular, mantidos na estufa e enclausurados numa rede. Numa placa de Petri aberta, foram colocados 60 pulgões tardios de ervilha no centro do círculo, equidistantes de cada vaso. Cada grupo de oito vasos foi mantido em gaiolas, coberto com rede, e mantido à temperatura ambiente (25±2^0 C) e humidade relativa de 65±5%. O experimento foi organizado em um Delineamento Inteiramente Casualizado (DIC), replicado quatro vezes. Houve um total de 32 vasos neste estudo, oito dos quais pertenciam a uma replicação. O número de pulgões em cada planta hospedeira foi registado aos 5, 10, 15, 20, 25 e 30 dias após a libertação dos pulgões da ervilha nas gaiolas.

No cenário de escolha múltipla, a proporção de pulgões que colonizaram qualquer uma das oito escolhas nas diferentes replicações foi somada e analisada estatisticamente usando o teste do qui-quadrado. A hipótese era que todas as oito escolhas (variedades) oferecidas aos afídeos atraíam o mesmo número de afídeos, o que era essencialmente uma questão de proporção. Como as fórmulas acima (equações 1 e 2), dedicadas à análise de proporções, foram concebidas para apenas duas proporções, ou seja, para a dupla escolha, e nós tínhamos oito proporções no caso do teste de escolha múltipla, utilizámos o teste do qui-quadrado e determinámos se havia uma diferença significativa entre as proporções P1, P_2, P3, ... P8. No teste de escolha múltipla, o número total de afídeos foi de 238, dos quais cada variedade atraiu alguns. Estes números foram utilizados para calcular as oito proporções.

2.2.6. Cálculo da taxa de crescimento da população de pulgões da ervilha e dos dias de pulgão da ervilha

A taxa de crescimento da população de afídeos da ervilha em diferentes culturas e variedades foi calculada com a fórmula:

$$r = \left(\frac{p_2 - p_1}{p_1}\right) * 100$$

(Singh *et al.*, 1965)

P_2 = número médio de afídeos da ervilha da amostra seguinte

Os dias de pulgão da ervilha foram calculados de acordo com Ruppel (1983) com a fórmula

$$Pulgão...dias = \frac{1}{2}\left[\frac{PD+CD}{2}\right] * ND,$$

Em que PD representa o número médio de pulgões/planta na data anterior, CD representa o número médio atual de pulgões/planta e ND representa o número de dias entre as duas ocasiões de amostragem.

O dia acumulado do pulgão da ervilha foi calculado através da soma sequencial dos dias individuais dos insectos para diferentes datas de amostragem do pulgão da ervilha.

2.2.7. Análise de dados

Os dados foram testados quanto à normalidade e homogeneidade da variância antes da análise estatística. No caso de todos os dados relativos à contagem de afídeos da ervilha, foi utilizada a transformação da raiz quadrada utilizando a fórmula $\sqrt{Y + 0.5}$ (Rangaswamy, 1995). Depois disso, todos os dados foram submetidos

para Análise de Variância usando o software estatístico JMP 5.0.1 (SAS, 2003) para determinar variações nas populações de pulgões e dias de pulgão entre espécies de culturas, variedades e dias após a infestação. As médias foram separadas usando o teste de diferença honestamente significativa de Tukey a $P<0,05$.

2.3. Resultados e discussão

2.3.1. Sem escolha Definição

a) Prevalência do afídeo da ervilha

Em média, a densidade de pulgões da ervilha variou entre 1,8 aos 5 dias após a infestação de pulgões (DAI) na variedade melhorada de fava (Adet Hana) e 321,5 aos 20 DAI na ervilha forrageira local (Quadro 2.1). De um modo geral, independentemente da variedade, a ervilha forrageira e a ervilha forrageira suportaram significativamente mais afídeos por planta do que as outras duas espécies de culturas a um alfa de 0,05, nomeadamente o feijão-frade e a lentilha (Quadro 2.1).

Quadro 2.1: Média do afídeo da ervilha em variedades seleccionadas de leguminosas em estufa, em testes sem escolha

Espécies e variedades de culturas	Média de pulgões da ervilha/ cinco plantas					
	5 DAI **	10 DAI	15 DAI	20 DAI	25 DAI	30 DAI
Feijão Faba						
Local	2.8cB	14.0bB	64.3cdAB	144,8cdB	242,5aA	78.3abAB
Adet Hana	1.8cB	8.8bB	33,5dB	80,5bBC	135.3abA	134aA
Ervilha-de-cheiro						
Local	81.8aB	124.8aB	264.0aA	321.5aA	0,0cC (CD*)	0cC (CD*)
Adet 1	45.0abBC	104.0aB	157,8bcB	243.5abA	47.8bcBC	0cC(CD*)

Ervilha						
Local	38.0bcCD	96.3aBC	55.5bcAB	200.3abA	127.0a-cB	6bcD
Wassie	57.0abBC	106.0aA-C	237.0abA	246.8abA	124.0a-cAB	6.3bcC
Lentilha						
Local	29.3bcBC	40.8bAB	81.8cdAB	185.3abA	1cC	0cC (CD*)
Alemaya	23.3bcBC	34.5bB	64.8caA	79.0bA	31. 8bcBC	0cC(CD*)

Médias dentro de uma coluna (diferença entre culturas e variedades) seguidas pela(s) mesma(s) letra(s) minúscula(s) e aquelas dentro de uma linha (diferença entre datas de amostragem) seguidas pela(s) mesma(s) letra(s) maiúscula(s) não são significativamente diferentes de acordo com Tukey HSD (P<0,05). **Dias após a infestação *Morte completa

A densidade do pulgão da ervilha aumentou progressiva e continuamente com o tempo em todas as espécies e variedades de culturas, ou seja, dias após a infestação. A densidade aumentou até 25 dias após a infestação na fava e até 20 dias na ervilha. As plantas da variedade local de ervilha-de-cheiro morreram aos 25 dias e as da variedade melhorada aos 30 dias após a infestação. Foi observada uma situação semelhante na lentilha. Em geral, os resultados indicaram que a ervilha forrageira e a ervilha forrageira são bons hospedeiros para a cultura do afídeo da ervilha, num esforço para selecionar variedades resistentes ao afídeo da ervilha.

O pico da população de afídeos da ervilha e os seus padrões de flutuação variaram consoante a espécie de planta hospedeira e os dias após a infestação. Auclair (1965) relatou que os afídeos podiam discriminar entre diferentes dietas em testes de preferência, e geralmente seleccionavam e agregavam-se nas dietas com um pH de 7,6 e uma composição química mais próxima da dieta padrão que se sabe ser adequada para eles. O isolamento reprodutivo e a especialização ecológica podem ser as razões para as diferenças na aceitação das plantas hospedeiras (Via, 1991). Os afídeos apresentam melhor aptidão para as culturas das quais foram recolhidos (Via, 1991; Ferrari *et al.*, 2006). Isto está totalmente de acordo com o presente estudo, em parte porque os afídeos tiveram um bom desempenho nas variedades de ervilha forrageira, ervilha forrageira e lentilha, das quais foram colhidos para o estudo. Além disso, na Etiópia, os afídeos da ervilha ocupam ambientes ecológicos que são quentes numa determinada altura do ano e frios na outra (observação pessoal). Os afídeos da ervilha nunca são encontrados em zonas que são frias durante todo o ano (como as terras altas extremas). É nestas terras altas extremas que se cultiva habitualmente a fava e, por conseguinte, os dois, ou seja, o afídeo e a fava, nunca se encontraram. Se a adaptação ecológica dos afídeos da ervilha e do feijão-frade se sobrepusesse suficientemente, poder-se-ia confortavelmente especular que os afídeos teriam ocorrido no feijão-frade melhor do que noutras culturas. Tradicionalmente, são identificadas três grandes agroecologias na Etiópia: terras baixas (abaixo de 1500 m.a.s.l.), intermédias (entre 1500 e 2000 m.a.s.l.) e terras altas (acima de 2000 m.a.s.l.). As favas ocorrem maioritariamente acima de 2000 m.a.s.l., enquanto a ocorrência de afídeos da ervilha é insignificante. Os afídeos da ervilha ocorrem geralmente até 2000 m.a.s.l.

Em contraste, alguns trabalhadores relataram que não havia diferença de preferência entre as cultivares.

Por exemplo, Sandstrom (1994) avaliou a suscetibilidade de 37 cultivares de *Pisum* a diferentes clones de *A. pisum* e verificou que os clones do afídeo da ervilha apresentavam poucas diferenças entre as cultivares. Isto pode ter sido confundido por outros factores externos e diferenças na metodologia. Para uma compreensão completa das interacções planta-afídeo, pode ser necessário investigar em pormenor tanto o lado da planta como o lado do inseto do espetro de interação (Gao *et al.*, 2008).

b) Taxa de crescimento da população de afídeos da ervilha

A variação na taxa de crescimento da população de pulgões da ervilha resultou de diferenças nas plantas hospedeiras e na duração da infestação. Pouco tempo após a infestação, ou seja, a partir dos cinco dias, o feijão-frade transportou menos afídeos do que as outras culturas (Quadro 2.2). As taxas de crescimento aumentaram até aos 15 DAI na ervilha forrageira, até aos 25 DAI no feijão-frade e as outras espécies de culturas situaram-se entre estes dois períodos. Nenhuma das plantas de fava e ervilha-miúda morreu antes dos 30 DAI, enquanto todas as plantas de lentilha morreram aos 30 DAI (Quadro 2.2). Embora a população fosse baixa, a taxa de crescimento foi positiva durante mais tempo no feijão-frade do que noutras culturas. Por outro lado, a taxa de crescimento negativo foi observada mais cedo nas lentilhas, ou seja, aos 20 DAI, do que nas outras culturas. As variedades locais de ervilha forrageira e as variedades melhoradas de ervilha forrageira parecem ser boas, na medida em que suportam uma maior carga de afídeos da ervilha e aumentam a taxa de crescimento durante mais tempo. Vários outros estudos confirmaram que os afídeos geralmente apareciam logo após a emergência da cultura (Maiteki *et al.*, 1986), as populações permaneciam relativamente baixas até à floração, aumentavam rapidamente durante a formação das vagens e diminuíam à medida que as vagens amadureciam e secavam (Soroka e Mackay, 1990). No presente estudo, foram observadas tendências semelhantes de infestação de todas as culturas testadas.

b) Dias individuais do pulgão da ervilha

Independentemente da variedade, observaram-se dias acumulados de pulgão da ervilha mais elevados na ervilha forrageira, seguida de perto pela ervilha forrageira. Os dias de pulgão da ervilha aumentaram de forma constante e rápida com o tempo após a infestação na ervilha forrageira e na ervilha forrageira, gradualmente na fava e muito lentamente na lentilha. O aumento foi particularmente rápido até aos 25 DAI, parecendo depois ter estabilizado. Os dias acumulados de pulgão da ervilha aumentaram até 3000 a 3500 por planta (Figura 2.1). A tendência foi semelhante entre as variedades locais e melhoradas de todas as espécies de culturas testadas.

Do mesmo modo, a ervilha forrageira registou o maior número de dias de pulgão seguido da ervilha forrageira (Figura 2.2). Aumentou até aos 20 DAI e depois diminuiu. A fava teve sempre dias de pulgão baixos quando comparada com a ervilha forrageira e a ervilha forrageira, mas observou-se um ligeiro aumento mais tarde, na altura em que a ervilha forrageira tinha começado a diminuir o número médio de dias de pulgão. As lentilhas registaram sistematicamente os dias de pulgão mais baixos. Também aqui, a tendência foi semelhante entre os dois grupos de variedades, ou seja, locais e melhoradas (Figura 2.2).

Quadro 2. 2. Taxa média de crescimento populacional do afídeo da ervilha nas culturas hospedeiras em condições de ausência de escolha

Espécies e variedades de culturas	Média do pulgão da ervilha/ 5 plantas aos 5 DAI	Taxa de crescimento do afídeo da ervilha (dias após a infestação)				
		10	15	20	25	30
Fava						
Local	3	400	359.29	188.18	30.87	-67.71
Adet Hana	2	388.89	280.68	33.73	202.01	-0.96
Ervilha forrageira						
Local	81	52.57	111.54	-6.52	-100	
Adet 1	45	131.11	127.88	35.65	-85.13	-100
Ervilha						
Local	38	153.42	63.86	54.31	-47.84	-95.28
Wassie	57	85.96	46.7	28.81	-38.09	-94.92
Lentilha						

Local	29	39.25	58.82	-83.8	-90.48	-100
Alemaya	23	48.07	137.1	-3.42	-85.06	-100

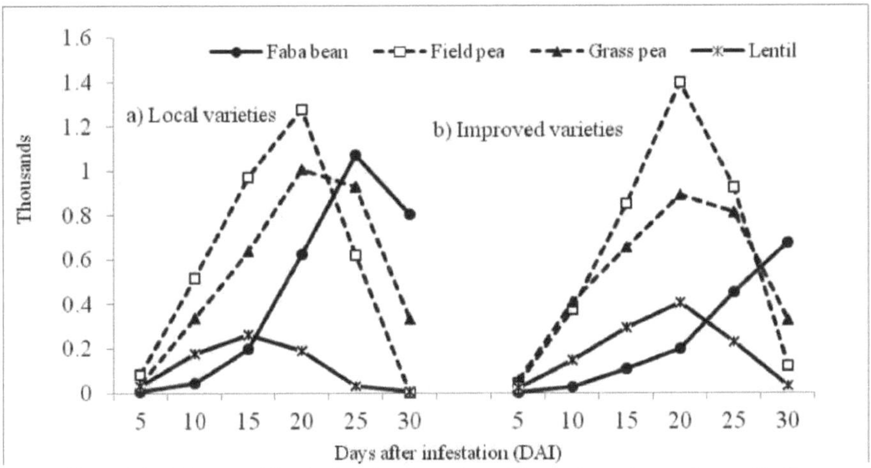

Figura 2.1:. Número médio de dias do pulgão da ervilha em leguminosas de estação fria por cada cinco plantas

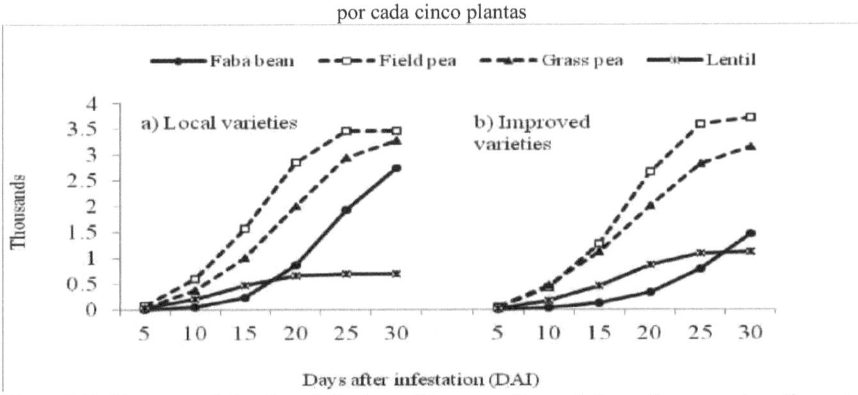

Figura 2.2: Dias acumulados de pulgão da ervilha nas culturas de leguminosas mais antigas por plantas vivas

2.3.2. Teste de dupla escolha

*a) **Preferência***

O tempo que o pulgão da ervilha demorou a pousar nas plantas testadas variou consoante a espécie de cultura. As variedades de lentilha, ervilha forrageira e ervilha forrageira foram colonizadas no prazo de um dia após a infestação, enquanto o feijão-frade foi colonizado no prazo de 5 a 11 dias, dependendo da combinação de dupla escolha de hospedeiros. Por outro lado, o feijão faba local foi mais preferido (5-6 dias para colonização) do que o feijão faba melhorado (Adet Hana), que necessitou de 9-11 dias para a colonização (Quadro 2.3).

Em geral, o estudo mostrou que o feijão-frade era o hospedeiro menos preferido. Este resultado confirma que a especialização alimentar depende do reconhecimento de estimulantes (produtos químicos específicos do hospedeiro) específicos da planta hospedeira, e não de dissuasores ou toxinas específicos das plantas não hospedeiras (Del Campo *et al.*, 2003). Via *et al.* (2000) referiram que as raças simpátricas de afídeos da ervilha na luzerna e no trevo vermelho eram altamente especializadas do ponto de vista ecológico e significativamente isoladas do ponto de vista reprodutivo. Sabe-se que as populações de *A. pisum* da luzerna e do trevo vermelho no leste da América do Norte são geneticamente diferenciadas e mostram preferências genéticas pela planta hospedeira adequada (Ferrari *et al.*, 2006). A escolha do habitat desempenha um papel fundamental nos processos de evolução da gama de hospedeiros, especialização e especiação ecológica.

b) Desempenho

O pulgão da ervilha teve melhor desempenho na variedade local do que na variedade melhorada de fava (Adet Hana) (Quadro 2.4). Do mesmo modo, alguns estudos anteriores mostraram uma forte relação positiva (por exemplo, Craig *et al.*, 1989; Craig e Ohgushi, 2002; Forister, 2004) entre preferência e desempenho. Para além da necessidade de utilizar medidas adequadas de preferência e desempenho (Nylin et al., 1996), vários outros factores, como o papel dos inimigos naturais, a abundância de genótipos de plantas, a variação individual e populacional do herbívoro e do hospedeiro e a longevidade da associação entre o herbívoro e o hospedeiro, foram todos reconhecidos como influências potencialmente fortes que afectam a correlação entre a preferência dos adultos e o desempenho ninfal (Craig e Itami, 2007).

Quadro 2.3: Matriz de duração (em dias) da colonização de afídeos da ervilha após exposição a afídeos da ervilha num cenário de dupla escolha

	Lentilha			***Ervilha***		***Ervilha-de-cheiro***		***Fava***
	Variedades	*Local*	*Alemaya*	*Local*	*Wassie*	*Local*	*Adet-1*	*Local Adet Hana*
Fava	Adet Hana	1/8	1/9	1/8	1/6	1/9	1/9	5/9 X
	Local	1/11	1/11	1/7	1/6	1/7	1/7	*X*
Ervilha	Wassie	1/1	1/1	1/1	1/1	1/1	X	
	Local	1/1	1/1	1/1	1/1	X		
Ervilha-de-cheiro	Adet -1	1/1	1/1	1/1	x			

	Local	1/1	1/1	X				
Lentilha	Alemaya	1/1	X					
	Local	X						

O numerador representa o número de dias de espera antes de os afídeos da ervilha colonizarem as variedades indicadas nas colunas e o denominador as variedades indicadas nas linhas

c) **Proporção**

A proporção da população do afídeo da ervilha foi baixa no feijão-frade em todos os testes de dupla escolha, o que confirma que este é o hospedeiro menos preferido (quadro 2.4).

Ervilhas: Num cenário de dupla escolha de variedades locais, nenhum dos afídeos preferiu o feijão-frade num teste de ervilha-de-campo vs feijão-frade (Quadro 2.4). Todos os 30 afídeos pousaram nas ervilhas, deixando de lado as favas. Por outro lado, estatisticamente a mesma proporção de afídeos pousou em variedades locais de ervilha forrageira, lentilha e ervilha forrageira. A proporção de afídeos transportados pela variedade local de ervilha forrageira foi significativamente mais elevada do que nas variedades melhoradas de fava e lentilha, mas foi igual à das variedades melhoradas de ervilha forrageira e ervilha. As ervilhas melhoradas não apresentaram uma proporção mais elevada de afídeos do que as outras (locais ou não) (P.0.05).

Feijão faba: Nenhum afídeo pousou no feijão faba quando cultivado com outras espécies de culturas ($P>0,05$) (Quadro 2.4). No entanto, quando os feijões locais e melhorados foram cultivados juntos, os pulgões não tiveram outra opção senão escolher entre eles, que de facto, foi o local, embora ainda muito baixo, ou seja, um máximo de 3 pulgões.

Lentilhas e ervilha: As lentilhas não apresentaram proporções de afídeos significativamente diferentes em todas as combinações ($P>0,05$). O mesmo aconteceu com as variedades de ervilha (quadro 2.4).

Em geral, as variedades de ervilha, ervilha forrageira e lentilha tinham populações semelhantes de pulgões da ervilha, embora a ervilha forrageira local tivesse uma proporção ligeiramente superior. As ervilhas-de-campo também foram mais preferidas pelo pulgão da ervilha, sendo a local a melhor em comparação com a fava. Num estudo anterior, Melaku *et al.* (2003) referiram que o feijão-frade é menos adequado para a sobrevivência e reprodução do afídeo da ervilha. As lentilhas, as ervilhas e as ervilhas foram consideradas como melhores hospedeiros do que o feijão-frade (Melaku *et al.* 2000). No presente estudo, o afídeo da ervilha ocorreu mais na ervilha forrageira e na ervilha forrageira, e menos na fava e na lentilha. Em contrapartida, Melaku *et al.* (2000) referiram que as lentilhas eram boas hospedeiras de afídeos da ervilha. Esta diferença pode dever-se a diferenças de metodologia e a outros factores.

Quadro 2.4: ***Preferência dos afídeos por diferentes culturas e respectivas variedades num*** contexto de ***dupla*** escolha

		# de pulgões da ervilha Preferir (em 30)	*Proporção (P)*	*Z*	*Valor de p*
Ervilha forrageira local contra	***Outras variedades locais***				

	Fava	*30*	*1.0t*	-	-
	Lentilha	*17*	*0.57*	*0.73*	*0.23*
	Ervilha	*18*	*0.60*	*1.12*	*0.13*
	Variedades melhoradas *Ervilha forrageira*	*18*	*0.60*	*1.12*	*0.13*
	Fava	*28*	*0.93*	*9.52*	*0.00*
	Lentilha	*20*	*0.67*	*1.93*	*0.03*
	Ervilha	*18*	*0.60*	*1.12*	*0.13*
	Outras variedades locais				
Ervilha forrageira melhorada contra	*Fava*	*19*	*0.63*	*1.52*	*0.06*
	Lentilha	*14*	*0.47*	*0.37*	*0.64*
	Ervilha	*18*	*0.60*	*1.12*	*0.13*
	Variedades melhoradas *Fava*	*18*	*0.60*	*1.12*	*0.13*

	Lentilha	*17*	*0.57*	*0.73*	*0.23*
	Ervilha	*15*	*0.50*	*0.00*	*0.50*
Fava local contra	***Outras variedades locais***				
	Lentilha	*0*	*0*	-	-
	Ervilha	*0*	*0*	-	-
	Variedades melhoradas				
	Fava	*3*	*0.1*	*-7.3*	*<0.0001*
	Lentilha	*0*	-	-	-
	Ervilha	*1*	*0.06*	*-9.5*	*<0.0001*
Feijão faba melhorado contra	***Variedades locais***				
	Lentilha	*0*	*0*	-	-
	Ervilha	*0*	*0*	-	-

	Outras variedades melhoradas				
	Lentilha	*0*	*0*	-	-
	Ervilha	*0*	*0*	-	-
Locallentil contra	***Outras variedades locais***				
	Ervilha ***Variedades melhoradas***	*14*	*0.47*	*0.37*	*0.64*
	Lentilha	*17*	*0.57*	*0.73*	*0.23*
	Ervilha	*17*	*0.57*	*0.73*	*0.23*
Lentilha melhorada contra	***Variedades locais***				
	Ervilha	*15*	*0.50*	*0.00*	*0.50*
	Outras variedades melhoradas *Ervilha*	*18*	*0.60*	*1.12*	*0.13*
Ervilha melhorada contra	***Variedades locais de ervilhas*** *Ervilha*	*15*	*0.50*	*0.00*	*0.50*

t Todos os afídeos neste ensaio preferiram a ervilha forrageira; o ensaio foi repetido três vezes, cada ensaio continha 10 afídeos, que foram autorizados a escolher qualquer uma das variedades melhoradas para as quatro espécies de culturas: Alemaya para lentilhas, Wassie para ervilha, Adet-1 para ervilha forrageira e Adet Hana para fava Os números e proporções de afídeos neste quadro indicam as variedades na coluna 1 (esquerda) contra as variedades na coluna 2.

2. 3.3. Testes de escolha múltipla

a) Preferência

Num cenário de escolha múltipla, independentemente da variedade, ou seja, local ou melhorada, as ervilhas forrageiras e as ervilhas forrageiras foram significativamente mais preferidas do que as outras culturas. A menos preferida foi a fava, tanto melhorada como local. As proporções variaram entre 1% para a fava e 26% para a ervilha forrageira (Quadro 2.5).

Quadro 2. 5: Preferência dos afídeos por diferentes culturas e suas variedades num cenário de escolha múltipla

Variedades	**Tipo de cultura**	**# de pulgões**	**Proporção (P)**	X^2
Local	Ervilha forrageira	61	0.26	32.83
	Fava	3	0.01	24.05
	Lentilha	25	0.11	0.76
	Ervilha	30	0.13	0.00
Melhorado	Ervilha forrageira	56	0.24	23.16
	Fava	2	0.01	25.88
	Lentilha	22	0.09	2.02
	Ervilha	39	0.16	2.88
			Total x2	111.58
			Valor de p	<0.0001

As variedades melhoradas para as quatro espécies de culturas foram as seguintes: Alemaya para a lentilha, Wassie para a ervilha forrageira, Adet-1 para a ervilha forrageira e Adet Hana para a fava. As variedades locais foram designadas simplesmente por local para cada uma delas.

Os afídeos infestaram as ervilhas forrageiras, as ervilhas forrageiras e as lentilhas (independentemente da variedade) num só dia. Em contrapartida, os afídeos levaram 3 a 8 dias (média de 5,75) para infestar o feijão faba; levaram menos dias para infestar o feijão faba local, ou seja, uma média de 4,75 dias, do que o feijão faba melhorado (uma média de 6,75 dias).

b) **Efeito das culturas/variedades**

No teste de escolha múltipla, o número médio de afídeos variou entre 0 na fava aos 5 DAI e mais de 200 na lentilha aos 20 DAI. Observando as variedades em cada coluna do Quadro 5, verifica-se que as populações de afídeos da ervilha não variaram significativamente entre a maioria das culturas e variedades, exceto alguma diferença na fase inicial, ou seja, aos 5 DAI, em que o feijão-frade teve uma carga significativamente mais baixa do que as restantes (Quadro 5). Também se observaram diferenças numa fase tardia, ou seja, aos 30 DAI, em que a ervilha forrageira e a ervilha forrageira tinham uma carga significativamente mais baixa do que a lentilha local. No teste de escolha múltipla, registaram-se geralmente populações elevadas de afídeos da ervilha na lentilha do que nas outras.

c) **Efeito dos dias após a infestação**

Se observarmos os dias após a infestação ao longo do vaso para cada variedade individual no quadro 2.6, não se registam diferenças perceptíveis. No entanto, é possível notar que as populações aumentaram de forma constante até 20 DAI, e depois disso a tendência geralmente diminuiu. Apesar da ausência de uma diferença estatisticamente significativa definitiva, pode concluir-se que, no sistema de escolha múltipla, as populações atingiram geralmente o seu máximo aos 20 DAI.

Quadro 2.6. Média do pulgão da ervilha em culturas de leguminosas de estação fria em condições de escolha múltipla

Cultura espécies	**Variedades**	**Média de afídeos de ervilha/5 plantas em vários DAI**					
		5 DAI *	**10 DAI**	**15 DAI**	**20 DAI**	**25 DAI**	**30 DAI**
Ervilha-de-cheiro	Local	50.8aAB	66.8aAB	121.5abA	97.0aAB	21.25aAB	5.0bB
	Adet 1	47.5aA	54.0aA	101.0abA	105.5aA	28,75aA	8,75abA
Ervilha	Wassie	38.5abAB	79.3aAB	84.0abAB	126.0aA	47.5aAB	15.5abB
	Local	28.0bcAB	53.3aAB	46.5abAB	124.7aA	53.3aAB	5.0bB
Lentilha	Local	23.0bcA	100,7aA	152.5aA	154,5aA	152.5aA	106.3aA

	Alemaya	14.3cdC	75.8aBC	103,8abB	203.5aAB	72,5aBC	25.3abC
Fava	Local	0,0dA	69.5aA	114.5abA	100,8aA	77.5aA	46.5abA
	Adet Hana	0,0dB	65aAB	160.7aA	152.8aA	72.5aAB	60.3abB

As médias dentro de uma coluna (diferença entre variedades de culturas) seguidas pela(s) mesma(s) letra(s) minúscula(s) e as médias dentro de uma linha (diferença entre datas de amostragem) seguidas pela(s) mesma(s) letra(s) maiúscula(s) não são significativamente diferentes de acordo com Tukey HSD ($P<0,05$); * DAI significa Dias Após a Infestação.

2.4. Conclusões

O pulgão da ervilha foi capaz de colonizar e desenvolver-se em todas as culturas e variedades de leguminosas testadas. No entanto, foram observadas variações na taxa de crescimento do pulgão, na sua colonização e nas suas preferências. Todas as culturas de leguminosas testadas são reconhecidas como hospedeiras do pulgão da ervilha, mas houve uma diferença notável na preferência e no desempenho. As variedades de plantas hospedeiras e as fases de crescimento destas culturas foram fontes de variação para a diferença observada na preferência e no desempenho do pulgão da ervilha. A duração da infestação do pulgão da ervilha nas variedades de fava testadas após a exposição das plantas variou entre 4,25 e 5,75 dias no teste de escolha múltipla e entre 5 e 11 dias no teste de escolha dupla. No entanto, a duração da infestação para a ervilha-miúda melhorada e local, a lentilha e a ervilha-de-cheiro foi de apenas um dia. O estudo mostrou que os afídeos da ervilha preferiam menos as plantas de fava, o que se explica pelo longo tempo que demoravam a infestar estas plantas, quando lhes era dada a escolha.

A taxa de crescimento populacional do pulgão da ervilha variou com as variedades de culturas e as fases de crescimento. Para cada variedade de cultura testada, a taxa máxima de crescimento do pulgão da ervilha foi de 153 na ervilha forrageira local, 53 na ervilha forrageira melhorada, 137 na lentilha melhorada, 112 na ervilha forrageira local, 131 na ervilha forrageira melhorada, 400 na fava forrageira local e 389 na fava forrageira melhorada.

A preferência e o desempenho do afídeo da ervilha nos testes de dupla escolha e de escolha múltipla variaram consoante a combinação de escolhas alternativas. Por exemplo, a lentilha e a ervilha forrageira foram consideradas sensíveis e morreram mais cedo em testes de escolha simples e dupla. No entanto, quando estas variedades foram expostas ao pulgão da ervilha com escolhas múltiplas, mantiveram-se durante muito tempo, mas com menos carga de pulgão da ervilha.

Os resultados destas experiências em estufa devem ser verificados através de investigação avançada em laboratório (extração de metabolitos secundários que favorecem/desfavorecem os afídeos da ervilha e a nível molecular) e também através de mais investigação no terreno. Nenhuma das plantas foi completamente evitada; o pulgão da ervilha foi capaz de construir a sua população em todas as plantas hospedeiras incluídas no estudo. No entanto, a sua taxa de crescimento variou, indicando potenciais para exploração futura.

Capítulo 3

Determinação dos estádios de suscetibilidade da ervilha (*Lathyrus sativus L.*) e da lentilha (*Lens culinaris* Medik) à infestação e aos danos do pulgão da ervilha, *Acyrthosiphon pisum (*Harris) (Homoptera: Aphididae)

3.1. Introdução

A Etiópia é um grande produtor de leguminosas alimentares de estação fria (Asfaw *et al.*, 1994), incluindo a fava (*Vicia faba* L.*)*, a ervilha forrageira (*Pisum sativum* L.*)*, a lentilha (*Lens culinaris* Medik), a ervilha forrageira (*Lathyrus sativus* L.) e o grão-de-bico (*Cicer arietinum* L.*)*. As principais zonas de produção são os planaltos centrais de Shewa, os planaltos de *Gojam*, *Gondar*, o norte de *Wello* e partes de Tigray (NSIA, 1998 e 1999). Wolega, Arsi e Bale constituem também as segundas principais zonas de produção (Asfaw *et al.*, 1994). Estas leguminosas alimentares de estação fria são atacadas por mais de 20 espécies de insectos nocivos, mas apenas algumas têm importância económica (Kemal e Tibebu, 1994). O pulgão da ervilha, *Acyrthosiphon pisum* (Harris), a lagarta africana (*Helicoverpa armigera Hubner*) e a bruquídea do feijão (*Callosobruchus chinensis* L.) têm sido objeto de investigação na Etiópia (Tsedeke *et al.*, 1982).

O pulgão da ervilha é um inseto praga generalizado das culturas leguminosas, como a lentilha, a ervilha forrageira, *a* ervilha forrageira *e a* fava. Como a maioria dos afídeos, o afídeo da ervilha apresenta uma partenogénese cíclica. Alimenta-se de caules, rebentos terminais e pecíolos de plântulas e, à medida que a planta amadurece, de flores e vagens (Jackai e Daoust, 1986). Os afídeos também afectam indiretamente o rendimento das culturas através da transmissão de vírus (Atiri *et al.*, 1984).

Uma vez que o pulgão da ervilha suga a seiva das plantas, a fase de crescimento da cultura é muito importante para influenciar a nutrição do pulgão da ervilha. A seiva da planta tem de estar a fluir ativamente nas fases de crescimento da planta para que os afídeos se alimentem. No final da fase leitosa e na fase de massa mole, as plantas já não são susceptíveis de sofrer danos económicos causados pelos afídeos. Uma aplicação de inseticida nesta fase não seria rentável. O afídeo da ervilha pode aparecer em qualquer fase das leguminosas e a resposta das plantas hospedeiras pode variar consoante a fase de crescimento da cultura durante a infestação. Compreender a fase vulnerável das culturas ajudará a tomar medidas de intervenção como a pulverização com insecticidas. Por conseguinte, o objetivo do estudo consistiu em determinar as fases críticas da lentilha e da ervilha aos danos causados pelo afídeo da ervilha em diferentes fases de crescimento da cultura durante a infestação.

3.2. Materiais e métodos

3.2.1. Plantas hospedeiras

As sementes das variedades locais de lentilhas e ervilhas foram obtidas no mercado local, enquanto as variedades melhoradas de lentilhas (alemaya) e ervilhas (wassie) foram obtidas no centro de investigação agrícola de *Debre Zeit*. Todas as variedades locais e melhoradas foram semeadas manualmente em vasos com um tamanho de 30 x 25 x 30 cm preenchidos com solo argiloso preto bem arado com uma quarta proporção de areia. As ervas daninhas foram removidas manualmente. Após a emergência, as plântulas foram desbastadas para cinco plantas por vaso e fechadas com gaiolas de malha.

3.2.2. *Acyrthosiphon pisum* (Harris)

A colónia de pulgões da ervilha foi estabelecida a partir de um único pulgão da ervilha colhido numa exploração agrícola de ervilhas em redor do centro de investigação agrícola de Adet, no oeste de Amhara, e criada em massa em plantas jovens de ervilhas da variedade local comummente cultivada numa estufa a uma temperatura de 25+5OC com um fotoperíodo natural (12L: 12D) e humidade relativa de 65+5% durante quase cinco gerações antes das experiências. Os pulgões alados da ervilha foram utilizados neste estudo. Os afídeos foram criados em condições de aglomeração para obter o afídeo alado da ervilha.

3.1.1. Conceção experimental

O estudo foi organizado em dois factores: duas variedades de culturas (local e melhorada) e três estádios de infestação das culturas como dois conjuntos de experiências: ervilha e lentilha. Cada genótipo das culturas foi infestado com 15 alados por gaiola quando a ervilha e a lentilha atingiram os estádios de crescimento de 6 folhas (6-LS), 50% de floração (50 FS) e 50% de vingamento (50 PS). Foi utilizado um delineamento inteiramente casualizado com arranjo fatorial com três repetições. Dois factores foram utilizados neste arranjo fatorial: duas variedades de cultura x três estádios de infestação da cultura como dois conjuntos de experiências, ou seja, para ervilha e lentilha.

Os pulgões apteros e alados da ervilha foram contados em todas as cinco plantas plantadas em cada vaso aos 7, 14, 21, 28 e 35 dias após a infestação. Na maturidade, todas as vagens em cada gaiola foram colhidas manualmente e categorizadas como vagens vazias ou cheias. O número total de vagens e de vagens cheias por cada cinco plantas, o peso das sementes e o peso da biomassa seca acima do solo foram registados.

3.2.4. Análise dos dados

Os valores médios dos afídeos ápteros e alados da ervilha por variedades de cultura infestadas em várias fases de crescimento da cultura foram registados e calculados para cada data de amostragem. Os dados foram testados quanto à normalidade e homogeneidade da variância antes da análise estatística. No caso de todos os dados relativos à contagem de afídeos da ervilha, foi aplicada a transformação da raiz quadrada utilizando a fórmula $\sqrt{Y + 0.5}$ (Rangaswamy, R. 1995). Depois disso, todos os dados foram submetidos a uma análise de variância utilizando o software estatístico JMP 5.0.1 (SAS, 2003). Quando o teste ANOVA revelou efeitos significativos, as médias foram separadas utilizando o teste da diferença honestamente significativa de Tukey ao nível de 5%.

As perdas percentuais de rendimento, número de vagens e biomassa foram calculadas utilizando a fórmula:

Perda percentual no rendimento, número de vagens ou biomassa (Hossain *etal.,* 2006):

$$Loss = \left(\frac{x_1 - x_2}{x_1}\right) * (100)$$

Em que, X_1 é o rendimento médio, o número de vagens ou a biomassa dos não infestados, X_2 é o rendimento médio, o número de vagens ou a biomassa dos infestados

3.3. Resultados e discussão

As populações totais de afídeos da ervilha variaram consoante as plantas hospedeiras, as fases de crescimento da cultura infestada e as datas de amostragem após a infestação. O número médio de pulgões ápteros da ervilha foi significativamente superior ao dos pulgões alados da ervilha em todas as fases e níveis de infestação. Como o tempo de observação/contagem do pulgão da ervilha variou, o número médio total de pulgões ápteros e alados da ervilha variou em todas as variedades de culturas testadas infestadas em todas as fases da cultura.

3.3.1. Variação das variedades de culturas hospedeiras e da fase de infestação

Tanto os pulgões ápteros como os pulgões alados nas variedades de lentilhas e ervilhas infestadas com pulgões da ervilha no estádio 50 PS foram mais elevados do que nos estádios de crescimento 6-LS e 50 FS. As variedades de ervilha tinham mais pulgões ápteros e alados do que as variedades de lentilha em todas as fases da cultura (6-LS, 50 FS e 50 PS). Por outro lado, as populações de ápteros foram significativamente mais elevadas do que as de alados em diferentes variedades de culturas e fases de crescimento das culturas infestadas (Figura 3.1A e B e Figura 3. 2A e B).

O número de populações de afídeos ápteros e alados nas variedades de lentilhas locais e melhoradas infestadas no estádio de crescimento 50 PS foi significativamente mais elevado do que a infestação efectuada nos estádios de crescimento 6-LS e 50 FS. O número de populações de ápteros e alados na variedade melhorada de lentilha (alemaya) infestada nos estádios 6-LS e 50 PS foi superior à população na variedade local de lentilha. No entanto, o número de afídeos ápteros e alados da ervilha quando a lentilha local e a lentilha melhorada foram infestadas nos estádios de crescimento de 50 FS não mostrou diferenças (Figura 3.1A e B).

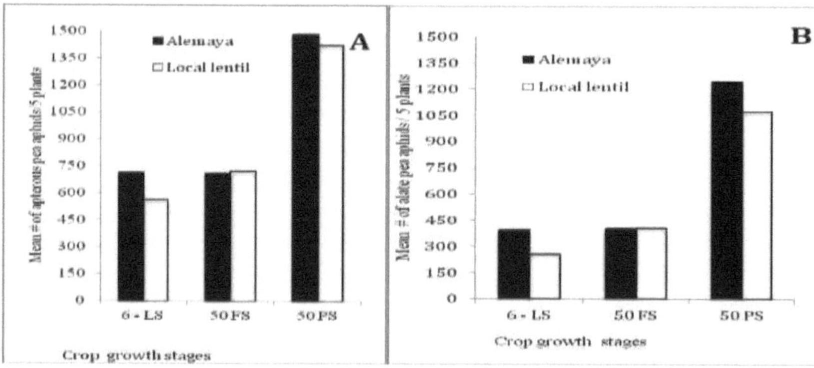

Figura 3.1: Densidade populacional de A) pulgões ápteros e B) pulgões alados da ervilha em variedades de lentilhas infestadas artificialmente em várias fases de crescimento da cultura.

O número de populações ápteras e aladas nas variedades de ervilha infestadas nos estádios de infestação 50 PS foi significativamente superior ao das infestadas nos estádios 6-LS e 50 FS. Por outro lado, o número de populações ápteras na ervilha local infestada nos estádios 6-LS, 50 FS e 50 PS foi superior à população na ervilha melhorada (wassie). No entanto, o número da população de alados acumulada na ervilha melhorada (wassie) nos estádios de infestação de 6-LS e 50 FS foi superior à população na ervilha local, enquanto o número médio da população de alados na ervilha local infestada nos estádios de 50 PS foi significativamente superior ao da wassie (Figura 3. 2A e B). No entanto, Sutherland (1969a) mostrou que a densidade de pulgões e a idade da planta podem afetar as populações de alados.

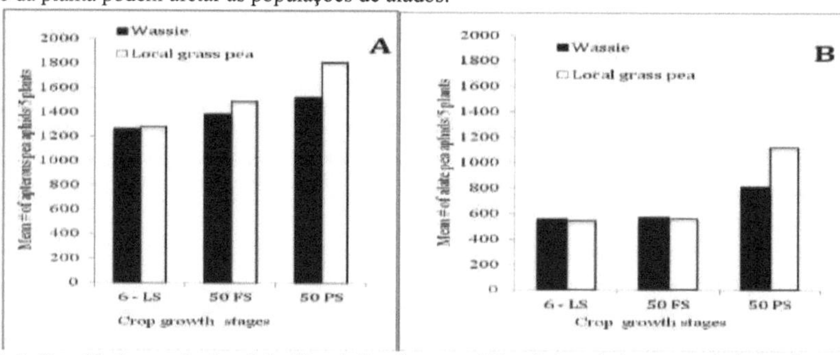

Figura 3. 2: Densidade populacional de A) pulgões ápteros e B) pulgões alados em variedades de ervilha artificialmente infestadas em várias fases de crescimento da cultura.

3.3.2. Variedades de culturas hospedeiras testadas e variação da data de observação

Embora o valor varie de variedade para variedade, os picos mais elevados do número médio de populações de pulgões apteros e alados foram observados aos 28 dias após a infestação. A única exceção para o número médio de alados foi na ervilha local, cujo número de pulgões da ervilha continuou a aumentar até aos 35 DAI. Os números de ápteros e alados registados aos 14, 21 e 35 dias após a infestação em variedades de lentilhas e ervilha melhorada (wassie) situaram-se entre o pico mais alto e o mais baixo registado (Figura 3.3A e B). A densidade do pulgão da ervilha e a idade da planta podem afetar a população de pulgões da ervilha (ápteros e alados) e o envelhecimento da planta da luzerna (ou seja, a fase de floração) pode aumentar a produção de alados (Sutherland, 1969b).

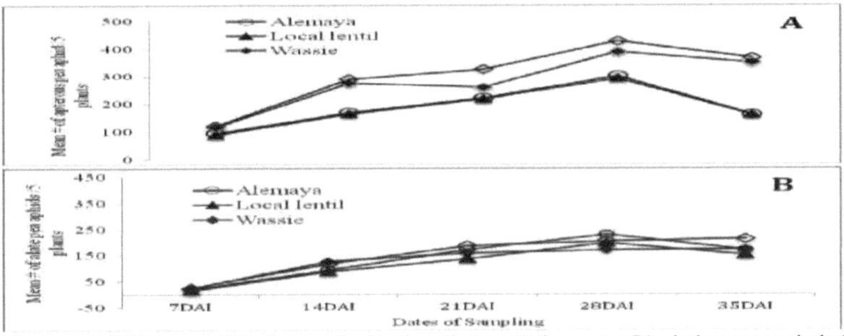

Figura 3.3: Número médio da população de pulgões A) ápteros e B) alados em variedades de lentilhas e ervilhas

3.3.3. Efeito da interação entre os estádios de crescimento da cultura e as datas de observação da infestação de afídeos da ervilha e as variedades de culturas testadas

De acordo com a ANOVA combinada, a infestação do pulgão da ervilha nos estádios da cultura e nas datas das observações mostrou uma diferença significativa no número de populações ápteras e aladas nas variedades de lentilhas ($F_{14, 120}$ = 20,2, P<0,0001) e nas variedades de ervilhas ($F_{14, 120}$ =9,4, P<0,0001). No entanto, a lentilha melhorada (alemaya) foi estatisticamente mais suscetível, mas não houve diferença significativa na população entre as variedades de lentilha locais e melhoradas (Quadro 3.1 e 3.2). As variedades de ervilha também foram significativamente mais susceptíveis do que as variedades de lentilhas ao longo dos períodos de amostragem.

a) Interação dos estádios de infestação do afídeo da ervilha e da data de observação nas variedades de lentilhas

Todas as variedades de lentilhas infestadas a 50 PS apresentaram um número médio de ápteros e alados significativamente mais elevado do que nos estádios 50 FS e 6-LS em todas as datas de amostragem. Em geral, a infestação de alate nos estádios 6-LS, 50 FS e 50 PS resultou na acumulação e tendências de aumento da população de alate em ambas as variedades de lentilhas até 28 dias após a infestação e começou a diminuir depois (Quadro 3.1 e 3.2).

Os números máximos mais elevados de pulgões ápteros da ervilha (367,8 - 417,1 por 5 plantas) foram registados na lentilha local quando infestada no estádio 50 PS após 14 e 28 dias após a infestação. Embora o número de pulgões da ervilha tenha sido imediatamente baixo sete dias após a infestação (47,7 - 55,2 por cinco plantas), os pulgões da ervilha estavam a estabelecer-se e o período não foi suficientemente longo para observar populações mais elevadas. Do mesmo modo, o pico mais elevado do número de alados para as variedades de lentilhas foi registado nos estádios 50 PS, enquanto a infestação nos estádios 6- LS resultou num menor número de pulgões da ervilha (0 - 12,6 alados por cinco plantas) (Quadro 3.1 e 3.2). *†

Tabela 3.1: Média de afídeos por cinco plantas em variedades de lentilhas em três estádios de crescimento de infestação

Data da amostragem (DAI**)	Lentilha local			Lentilhas melhoradas (Alemaya)		
	6 - LS	50 FS	50 PS	6 - LS	50 FS	50 PS

Os valores dentro de uma linha e coluna seguidos pela(s) mesma(s) letra(s) não são significativamente diferentes de acordo com Tukey HSD (P<0,05).

† A data de recolha de dados representa o número de dias após a infestação artificial de afídeos da ervilha.

7	47.7f	55.2f	160.4def	60.3e	64.7e	158.1cde
14	51.8f	76,6ef	367.8a	79,8de	92.9bde	334.8ab
21	132.2def	206.4b-e	314.1ab	179.4b -e	199.3b-e	283.4abc
28	167.4c-f	295.8abc	417.1a	209.7b -e	283.3abc	411.0a
35	163.8def	86.8ef	232.6bcd	165,8c de	85,7de	233.3a-d
SEM +	26.5	26.5	26.5	29.7	32.9	37.3

Tabela 3. 2: Média de pulgões da ervilha por cinco plantas em variedades de lentilhas em três fases de crescimento infestação

Datas de amostragem (DAI ‡§)	**Lentilha local**			**Lentilhas melhoradas (Alemaya)**		
	6 - LS	**50 FS**	**50 PS**	**6 - LS**	**50 FS**	**50 PS**
7	0.0f	12.6f	33.0ef	5.6f	13.9ef	34.0ef
14	9.3f	19.1f	234.2abc	19.7ef	42,5ef	216.6bcd
21	70.6def	56.0def	279.6ab	117.5c-f	59.8def	335.9ab
28	73.3def	167.1bcd	350.1a	127.0c-f	164.3cde	394.4a
35	82.3def	149.0cde	218.0bc	101.9def	143.8c-f	262.1abc
SEM +	24.0	24.0	24.0	27.9	30.8	35.0

Os valores dentro de uma linha e coluna seguidos pela(s) mesma(s) letra(s) não são significativamente diferentes de acordo com Tukey HSD (P<0,05).

§A data de recolha de dados representa o número de dias após a infestação artificial por afídeos da ervilha.

Os valores dentro de uma linha e coluna seguidos pela(s) mesma(s) letra(s) não são significativamente diferentes de acordo com Tukey HSD (P<0,05).
**A data de recolha de dados representa o número de dias após a infestação artificial de afídeos da ervilha.

b) Efeito da interação entre os estádios de infestação do afídeo da ervilha e a data de observação nas variedades de ervilha forrageira

Em ambas as variedades de ervilha, as infestações nos estádios 50 PS mostraram uma rápida acumulação da população de ápteros e alados, que atingiu o seu pico aos 21 dias após a infestação. Isto contrasta com a infestação feita a 6-LS e 50 FS, na qual foram registadas populações mais elevadas aos 35 e 28 dias após a infestação, respetivamente. No entanto, a população de pulgões ápteros e alados em ervilhas infestadas no estádio 6-LS foi significativamente inferior à infestação efectuada nos estádios 50 FS e 50 PS, comparando as datas de amostragem.

As variedades de ervilha infestadas nos estádios 50 PS atingiram o pico de infestação aos 14 e 21 dias após a infestação, com um intervalo de 526,1 - 544,3 e 371,9 - 481,0 por cinco/plantas, respetivamente. No entanto, quando as infestações foram feitas em estádios de crescimento de 50 FS na ervilha local e na ervilhaca, o registo do pico foi atrasado para 28th e 35th dias após a infestação, com intervalos de 473,8 - 526,1 e 521,6 por cinco plantas, respetivamente.

Por outro lado, o número de pulgões ápteros que se acumularam em plantas infestadas na fase de 50 PS aos 35 DAI (54,0 - 158,7 /cinco plantas) foi menor do que aos sete DAI (194 - 195 /cinco plantas) em ambas as variedades de ervilha. No caso da acumulação da população de pulgões em estádios de infestação semelhantes, a wassie seguiu tendências semelhantes às anteriores, mas a ervilha local seguiu a tendência oposta (Quadro 3.3 e 3.4).

Quadro 3.3: Média de pulgões ápteros por cinco plantas em variedades de ervilha em três fases de crescimento da infestação

Datas de amostragem (DAI**)	Ervilha de erva local			Ervilha forrageira melhorada (Wassie)		
	6 - LS	50 FS	50 PS	6 - LS	50 FS	50 PS
7	48.0d	118.3d	195,4cd	47.2e	110.0de	194.9cde
14	196.3cd	147.9d	526.1a	197,9cde	144,9dc	481.0ab
21	210.0bcd	221.0bcd	544.3a	191.4cde	217.8cde	371.9abc

28	362.0abc	529.6a	387.3ab	355.6abc	525.7a	282.0bcd
35	467.6a	473.8a	158.7d	473.9ab	521.6a	54.1e
SEM +	38.0	38.0	38.0	41.5	41.5	41.5

Quadro 3.4: Média de pulgões alados por cinco plantas em variedades de ervilha forrageira em três fases de crescimento da infestação

Datas de amostragem (DAI)**	**Ervilha de erva local**			**Ervilha forrageira melhorada (Wassie)**		
	6 - LS	**50 FS**	**50 PS**	**6 - LS**	**50 FS**	**50 PS**
7	0.0e	29.0de	41.4de	0.0f	26.8ef	40.1def
14	56,7de	56.0de	236.0abc	68.0def	59.2def	247.3ab
21	130.0cde	66.0de	361.0a	123.6cde	71.0def	277.2a
28	157,8cd	145.3cd	308.2ab	148.1bcd	145.6b-e	211.4abc
35	218.3abc	246.1abc	117.2bcd	230.0abc	252.1ab	33.3def
SEM +		29.629	.6	29.6	24.724 .7	24.7

Os valores dentro de uma linha e coluna seguidos pela(s) mesma(s) letra(s) não são significativamente diferentes de acordo com Tukey HSD (P<0,05).

**A data de recolha de dados representa o número de dias após a infestação artificial por afídeos da ervilha.

3.3.4. Influência dos estádios de infestação do afídeo da ervilha no rendimento e nos componentes do rendimento da ervilha forrageira e do lintel

a) Efeito de na produção total e de vagens cheias

As variedades de lentilhas e ervilhas infestadas em vários estádios de crescimento apresentaram um número variável de vagens totais e cheias. As vagens totais e cheias por cada cinco plantas foram significativamente mais elevadas nas variedades não infestadas do que nas infestadas, em várias fases de crescimento. As variedades Alemaya e Wassie produziram um número significativamente mais elevado de vagens totais e cheias do que as respectivas variedades locais (quadros 3.5 e 3.6). Para além disso, os números de vagens totais e cheias foram significativamente mais elevados nas variedades de culturas infestadas nos estádios de crescimento tardios (50 PS) do que nos estádios de crescimento iniciais (6-LS). Consequentemente, as perdas de número de vagens totais e cheias foram mais elevadas em todas as variedades de culturas testadas infestadas na fase inicial de crescimento do que na fase tardia. A lentilha infestada precocemente sofreu uma perda total de vagens.

Por conseguinte, o número total de vagens perdidas devido à infestação do afídeo da ervilha em vários estádios de crescimento foi calculado entre 29 (V-LS) e 47 (50 PS)% para as variedades de lentilhas, variando entre 1,8 e 83,5% em comparação com o respetivo número total de vagens não infestadas. Seguindo tendências semelhantes de perdas, o número de perdas de vagens cheias devido à infestação do pulgão da ervilha em vários estádios de crescimento da cultura foi calculado com intervalos de 28,3 -46,9 para variedades de lentilhas e 14,1 - 87,2% para variedades de ervilhas (Quadro 3. 5). Do mesmo modo, Maiteki e Lamb (1985) referiram que a infestação das plantas até à abertura das flores ou até mais tarde reduzia o número de vagens por planta e o número de sementes por vagem e aumentava a percentagem de vagens vazias.

Quadro 3.5: Influência da infestação de pulgões da ervilha na variação das fases da cultura em variedades de lentilhas no rendimento e nas componentes do rendimento

Estádios de infestação das variedades de culturas	Número total de vagens por 5 plantas	Per da (%)	Número total de vagens cheias por 5 plantas	Perda (%)	Biomassa (folhas e caules secos) (Kg)	Perda (%)	Peso do grão (gm)	Perda (%)
			Lentilhas melhoradas (Alemaya)					
6-LS	25.6bc	47.0	25.1bc	46.9	0,4bc	88.9	8.8	35.8
50 FS	28.9abc	40.2	28.3abc	40.2	0,9bc	75.0	10.3	24.8
50 PS	34.3abc	29.0	33.9ab	28.3	1.5b	58.3	11.8	13.9
Não infestado	48.3a	---	47.3a	---	3.6a	---	13.7	---

				Lentilha local				
6 -LS	19.2c	43.5	18.5c	43.4	0.2c	83.3	8.5	15.0
50 FS	22.5bc	33.5	21.7bc	33.6	0,6bc	50.0	9.0	10.0
50 PS	23.6bc	30.6	22.9bc	30.0	0,6bc	50.0	9.5	5.0
Não infestado	34.0ab	---	32.7abc	---	1.2bc	---	10.0	---
SEM +	3.23		3.20		0.58		1.65	

Os valores dentro da coluna seguidos pela(s) mesma(s) letra(s) não são significativamente diferentes de acordo com Tukey HSD (P<0,05).

b) **Efeito da biomassa acima do solo e do rendimento de grãos**

Os pesos da biomassa acima do solo das variedades de lentilhas e ervilhas diferiram significativamente quando as plantas foram sujeitas a infestação em várias fases da cultura. Os pesos da biomassa acima do solo das variedades de lentilhas e ervilhas não infestadas foram significativamente mais elevados do que os das variedades infestadas com o pulgão da ervilha em várias fases de crescimento da cultura. Este resultado mostrou que, à medida que a infestação das fases da cultura varia, tanto a biomassa como o peso do grão variam. A quantidade de biomassa e o rendimento de grãos obtidos da cultura infestada em (6-LS) foi muito inferior à infestação em estádios de crescimento tardios (50 PS). Este estudo está de acordo com o relatório de Maiteki e Lamb (1985), segundo o qual a infestação de plantas com pulgão da ervilha até à abertura das flores ou até mais tarde reduziu a produção de matéria seca e o peso de 1.000 sementes e o rendimento de grãos.

A quantidade de perda de biomassa devido à infestação do afídeo da ervilha em vários estádios de crescimento da cultura foi calculada por ha entre 50,0 - 88,9% para as variedades de lentilhas e 48,4 - 72,6% para as variedades de ervilhas, em comparação com as respectivas biomassas não infestadas. Da mesma forma, a perda de rendimento do grão devido à infestação do pulgão da ervilha em vários estádios de crescimento foi calculada por ha entre 5 e 35,8% para as variedades de lentilhas e 18,3 e 84,1% para as variedades de ervilhas, em comparação com o respetivo peso do grão não infestado (Quadro 3.6). Além disso, o estudo mostrou que as perdas de biomassa e de rendimento de grãos para todas as variedades de culturas infestadas na fase inicial de crescimento da cultura (6-LS) foram superiores às das variedades de culturas infestadas nas fases tardias de crescimento da cultura.

Quadro 3.6: Influência da infestação do pulgão da ervilha em várias fases da cultura de variedades de ervilha forrageira no rendimento e nos componentes do rendimento

Fases da infestação	Total # de Vagens por 5 plantas	Perda (%)	Número total de vagens cheias / 5 plantas	Perda (%)	Biomassa/5 plantas (Kg)	Perda (%)	Peso do grão/ 5 plantas (gm)	Perda (%)	

				Melho rado	ervilha forrageira (Wa	ssie)			
6 - LS	2.2c	83.5	2.0b	85.9	1.8bc	67.9	3.5c		80.6
50 FS	11.0ab	17.3	11.1a	21.8	2.4abc	57.1	8.9b		50.6
50 PS	12.1ab	9.0	12.2a	14.1	2.6abc	53.6	10.0b		44.4
Não infestado	13.3a	---	14.2a		5.6ab	---	18.0a		---
				Lo	ervilha-de-cheiro				
6 - LS	1.9c	83.2	1.7b	87.2	1.7c	72.6	2.0c		84.1
50 FS	9.7b	14.2	10.0a	24.8	2.1bc	66.1	10.1b		19.8
50 PS	11.1ab	1.8	11.2a	15.8	3.2abc	48.4	10.3b		18.3
Não infestado	11.3ab		13.3a		6.2a		12.6b		

SEM +	0.72		1.08		0.30		1.09		

Os valores dentro da coluna seguidos pela(s) mesma(s) letra(s) não são significativamente diferentes de acordo com Tukey HSD (P<0,05).

3. 4. Conclusões

Embora os afídeos da ervilha prefiram lentilhas e ervilhas, as variedades de lentilhas foram mais susceptíveis do que as ervilhas. Por outro lado, as variedades melhoradas de lentilhas e ervilhas foram mais susceptíveis do que as variedades locais. A população de pulgões da ervilha, tanto ápteros como alados, variou em função das plantas hospedeiras que desenvolveram e das fases de crescimento da cultura em que as infestações foram efectuadas. A infestação do pulgão da ervilha em vários estádios de crescimento das variedades de ervilha resultou em populações mais elevadas do que as infestações efectuadas em vários estádios de crescimento das variedades de lentilhas. A infestação do pulgão da ervilha no estádio de crescimento tardio da cultura (50 PS) mostrou um número elevado de populações de pulgões ápteros e alados do que a infestação do pulgão da ervilha no estádio de crescimento inicial da cultura (6-LS).

O número de vagens totais e cheias e o peso da biomassa das variedades de ervilha e lentilha infestadas a 50 PS foram significativamente mais elevados do que os infestados em fases anteriores de 50 FS e 6 - LS. Consequentemente, o número de vagens totais e cheias e as perdas de peso da biomassa foram muito mais elevados quando as infestações foram efectuadas na fase inicial de crescimento da cultura (6-LS) do que na fase tardia de crescimento da cultura (50 PS). Embora o peso do grão não tenha sido significativamente diferente, a perda de peso do grão mostrou tendências semelhantes às da biomassa.

Capítulo 4

Padrão de voo e dinâmica populacional do pulgão-da-ervilha, *Acyrthosiphon pisum (Harris)*, no agroecossistema de ervilha, *Lathyrus sativus L.*

3.1. Introdução

As leguminosas alimentares de estação fria produzidas na Etiópia incluem a fava (*Vicia faba* L.), a ervilha forrageira (*Pisum sativum* L.), a lentilha (*Lens culinaris* Medik), a ervilha forrageira (*Lathyrus sativus* L.) e o grão-de-bico (*Cicer arietinum* L.). Zonas administrativas específicas com temperaturas mais frescas são adequadas para o cultivo destas culturas. As terras altas centrais de Shewa, as terras altas de *Gojam*, *Gondar*, o norte de *Wello* e partes de *Tigray* são os principais produtores das leguminosas de estação fria acima referidas, enquanto *Wollega*, *Arsi* e *Bale* constituem as segundas principais zonas de produção na Etiópia (Asfaw *et al.*, 1994).

A ervilha (*L. sativus*) é a quinta maior cultura de leguminosas na Etiópia (CSA, 2012), produzida principalmente com humidade residual após a principal estação das chuvas (junho-agosto). A extensa planície em redor do *Lago Tana*, com vertisols, é uma das áreas conhecidas de cultivo desta cultura. A área cultivada com ervilha tem aumentado ao longo do tempo (Fogera WAO 2007, 2008 e 2009 e *Bahir Dar Zuria* WAO 2007, 2008 e 2009). O pulgão da ervilha pode causar uma perda de rendimento de até 100% na ervilha se não for controlado com insecticidas (Melaku, 2004). Além disso, a qualidade da alimentação e a quantidade de palha são significativamente reduzidas (observação pessoal). No entanto, os agricultores continuam a cultivar ervilha como cultura de rotação, principalmente para restaurar a fertilidade do solo, o que torna possível cultivar outras culturas nos anos seguintes com pouca ou nenhuma adição de fertilizantes comerciais. Têm sido utilizados diferentes tipos de insecticidas de contacto e sistémicos para controlar as pragas de insectos, nomeadamente os afídeos da ervilha. Alguns dos insecticidas habitualmente utilizados são o malatião, o endosulfan, o dimetoato e as suas misturas, que são aplicados quatro a seis vezes numa estação de cultivo (observação pessoal e comunicação pessoal com o agente de desenvolvimento local).

Na Etiópia, o pulgão da ervilha foi registado pela primeira vez em 1947 (citado como *Macrosiphum pisi*) (Crowe e Kemal, 1983) e, desde então, espalhou-se pelas áreas de produção de ervilhas e lentilhas, tornando-se a praga mais importante destas culturas. A importância de *A. pisum* foi reconhecida há cerca de três décadas e as principais áreas de investigação foram sugeridas no Primeiro Simpósio Etíope de Proteção das Culturas (Tsedeke *et al.*, 1986). Desde então, *o A. pisum* tem sido referido como a principal praga das leguminosas de estação fria em muitas áreas, incluindo a região noroeste de *Amhara*, que é conhecida pela produção de ervilha. As populações de afídeos da ervilha permanecem na ervilha durante um período curto e distinto, durante o qual se multiplicam rapidamente. Os afídeos da ervilha causam perdas substanciais de rendimento na ervilha forrageira, quer pelo efeito direto da sua alimentação (Keickhefer e Kantack, 1988), quer como vetor de vários vírus de plantas (Blackman e Eastop, 1984). Kemal (1997) registou uma perda de rendimento de 49% em campos de ervilha forrageira não tratados na Etiópia.

Existem poucos estudos sobre a dinâmica populacional do pulgão da ervilha na Etiópia, que são essenciais para conceber práticas de gestão adequadas. O estudo das flutuações sazonais da população e do padrão de distribuição espacial de uma praga é o primeiro passo para a conceção de um método de amostragem. Muitos factores podem causar flutuações no número de pulgões. Factores como o clima, as práticas agrícolas, a idade das plantas, a emigração, as doenças, os parasitas e os predadores foram discutidos por muitos trabalhadores (Dunn e Wright, 1955; Cooke, 1963; Van den Bosch *et al.*, 1966; Pass e Parr, 1971). Por conseguinte, os objectivos do estudo foram determinar os padrões de voo do afídeo da ervilha em várias estações do ano e monitorizar as tendências da dinâmica populacional em diferentes práticas agrícolas.

3.2. Materiais e métodos

3.2.1. 2.1. Descrição da área de estudo

O estudo foi efectuado durante as épocas agrícolas de 2009/10 e 2010/11 em dois locais na região ocidental de *Amhara*, no noroeste da Etiópia. *Woreta situa-se* na zona administrativa *do Sul de Gondar*, a uma latitude de 11^0 55'N e a uma longitude de 37^0 42'E e a uma altitude de 1828 m.a.s.l. O sistema agrícola de *Woreta* é

predominantemente a produção de cereais (arroz e teff) durante a estação das chuvas e a produção de leguminosas (ervilha e grão-de-bico) na humidade residual, mas a produção de culturas hortícolas é
A temperatura da água aumenta de ano para ano através da irrigação. *Wondata* está localizada em *Bahir Dar Zuria* woreda com altitude de 11^0 36'N e longitude de 37^0 23'E e uma elevação de 1840 metros acima do nível do mar. O sistema agrícola do local de estudo de *Wondata* é predominantemente a produção de cereais (teff e milho) durante a estação das chuvas e a produção de leguminosas (ervilha e grão-de-bico) na humidade residual, mas atualmente a produção de culturas hortícolas está a aumentar de ano para ano através da irrigação.

3.2.2. Investigação do padrão de voo

Os pulgões da ervilha-de-alato foram monitorizados com armadilhas de água amarela feitas de recipientes de plástico circulares amarelos (10 x 35 x 20 cm) (Blackman e Eastop, 2000). Foram colocadas cinco armadilhas de água amarela em cada local, no limite da exploração de ervilha. As armadilhas de água amarelas foram penduradas num suporte de metal com uma altura de 1,5 m e enchidas com água até pequenas saídas abaixo do rebordo para permitir o fluxo de água em caso de chuva. O orifício de saída foi coberto com uma gaze de plástico para evitar que os insectos capturados escorressem para fora. Em cada armadilha de água amarela foram adicionados 5 ml de formaldeído (10%) para evitar que os afídeos se deteriorassem e que as aves bebessem. As armadilhas de água amarela foram esvaziadas regularmente com um intervalo de 15 dias. Os insectos recolhidos foram guardados em frascos de vidro com etanol a 70% e levados para o laboratório, tendo os afídeos da ervilha sido seleccionados e contados.

O número médio de pulgões da ervilha foi calculado ao longo da estação e do local e os padrões de voo dos pulgões da ervilha foram traçados. Além disso, foi investigada a relação entre a população de pulgões da ervilha e factores meteorológicos como a temperatura, a precipitação e a humidade relativa no local de estudo de *Wondata.*

3.2.3. Monitorização da população de afídeos da ervilha nos campos dos agricultores

Em *Woreta* e *Wondata,* foram seleccionadas três explorações de pequenos agricultores. As explorações tinham diferentes antecedentes agrícolas, tempo de plantação e humidade do solo. Foram amostradas dez plantas seleccionadas aleatoriamente com um intervalo de duas semanas, desde a fase de plântula até à fase de maturação da ervilha, e o número total de afídeos da ervilha.
A experiência foi concebida num arranjo fatorial, com três pequenos agricultores e uma época de amostragem por local. Os valores médios da densidade de afídeos da ervilha em várias práticas e épocas de cultivo em várias fases de crescimento da cultura foram registados e calculados para cada data de amostragem e resumidos por épocas de cultivo e prática agrícola. Os dados foram testados quanto à normalidade e homogeneidade da variância antes da análise estatística. No caso de todos os dados relativos à contagem de afídeos da ervilha, foi aplicada a transformação da raiz quadrada utilizando a fórmula vr+ 0,5 (Rangaswamy, 1995). Estes dados foram submetidos a uma análise de variância utilizando o software estatístico JMP 5.0.1 (SAS, 2003). Quando o teste ANOVA revelou efeitos significativos, as médias foram separadas utilizando o teste da diferença honestamente significativa de Tukey ao nível de 5%.
Finalmente, a relação entre as médias das populações de afídeos em vários estádios da ervilha foi comparada com a quantidade/tipo de precipitação, a temperatura máxima e mínima e a humidade relativa.

3.3. Resultados e discussão

4. 3.1. Efeito da localização e da variação sazonal nos padrões de voo do afídeo da ervilha

Em *Woreta,* o número de pulgões da ervilha foi mais elevado na segunda época de colheita (2010/11) do que na primeira época de colheita (2009/10). No entanto, em *Wondata,* o número variou consoante a época de amostragem. Em ambas as épocas de cultivo, o número de alate em *Wondata* em várias épocas de amostragem foi maior do que em *Woreta* (Figura 4.1 A e B). Embora a produção de alados possa ser influenciada por uma série de factores, Sutherland (1969a, b) referiu que eram produzidos mais alados quando o afídeo da ervilha se alimentava de plantas maduras ou era exposto à estimulação tátil de outros afídeos em densidades mais elevadas de afídeos. Deve também notar-se que existe provavelmente um fator intrínseco (Sutherland, 1970), que pode fazer com que o afídeo da ervilha seja mais sensível à produção de uma maior proporção de alato durante alguns períodos em comparação com outros.

O voo do pulgão da ervilha começou na última semana de setembro em ambas as estações e nos dois locais. Os períodos de pico de voo em *Woreta* foram entre 11 e 26 de janeiro (47 - 49 alados por armadilha de água amarela) em 2010/11 e 11 de janeiro (15,4 alados por armadilha de água amarela) em 2009/10. Em *Wondata*, embora o número de pulgões-da-ervilha capturados em 2010/11 tenha sido superior ao de 2009/10, o pico mais elevado de pulgões-da-ervilha em ambas as épocas de cultivo foi a 12 de novembro (43 - 49 pulgões por armadilha de água amarela) (Fig. 4.1 A e B). Cooke (1963) e Dunn e Wright (1955) registaram a ocorrência de dois picos de populações de *A. pisum* durante a estação de crescimento da alfafa em várias partes do mundo. Uma vez que a época de plantação da ervilha em *Woreta* se estende de setembro a dezembro, o período de voo do pulgão da ervilha também se estende do fim de setembro ao fim de abril, enquanto a duração do voo em *Wondata* foi reduzida em pelo menos um mês. Exceptuando a variação do número de alados, os padrões de voo seguem uma tendência semelhante nas diferentes estações dos locais de monitorização (Fig. 4.1 A e B). No entanto, a emigração de alados não foi considerada um fator de mortalidade importante, embora quando ocorreu uma dispersão em massa, o crescimento da população de afídeos da ervilha tenha sido reduzido (Campbell, 1973). Observações pessoais sobre a velocidade e a direção do vento nos dois locais de estudo indicaram que a velocidade do vento em *Woreta* era mais elevada, enquanto que em *Wondata o* vento era quase calmo. A presença de ventos fortes em *Woreta*, desde o lago até às colinas a leste, sopra o pulgão da ervilha sobre a armadilha de água amarela. O tipo de armadilha que utilizámos pode não ser perfeito para apanhar todos os pulgões alados da ervilha e prever a flutuação sazonal da população de pulgões da ervilha.

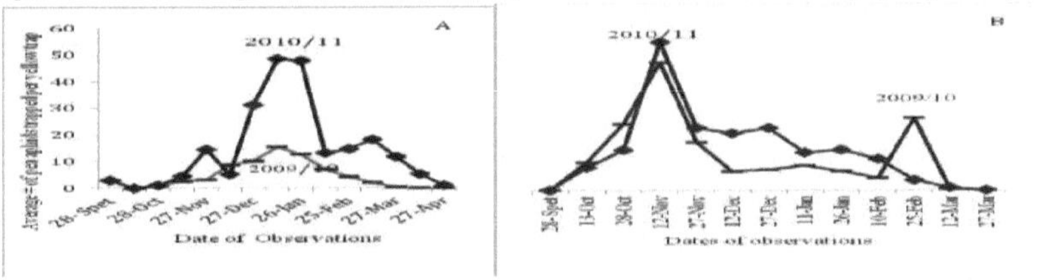

Figura 4.1. Padrões de voo do afídeo da ervilha em diferentes estações do ano em A) *Woreta* e B) *Wondata*

O número de alados capturados por armadilha amarela variou com as estações (Figura 4. 2). O período de precipitação e a quantidade de humidade podem provavelmente ser os factores que influenciam a população do afídeo. Em 2010/11, a precipitação prolongou-se até setembro e a temperatura foi propícia ao crescimento da população do afídeo da ervilha. No entanto, em 2009/10, os meses de setembro e outubro de 2009/10 foram secos e a temperatura era muito quente e ventosa, o que desencorajou a população do pulgão da ervilha em determinado momento.

O voo alado do pulgão da ervilha começou e parou mais cedo em *Wondata do* que no local de estudo de *Woreta*. A migração do afídeo da ervilha em *Wondata* começou no início de outubro, enquanto em *Woreta* começou em meados de outubro. O número total de alados capturados por 15 dias foi mais elevado em *Wondata* do que em *Woreta,* especialmente nas fases iniciais da época de produção de ervilha. Mas, nas fases posteriores, o número de pulgões da ervilha em *Woreta* foi superior ao de *Wondata* até à segunda semana de abril. Em 2009/10, o pico mais alto de voo do pulgão da ervilha foi maior em *Wondata*, enquanto na época de cultivo de 2010/11 houve picos semelhantes de população, embora a população de *Woreta tenha* atingido o seu pico no final da época (Figura 4. 2).

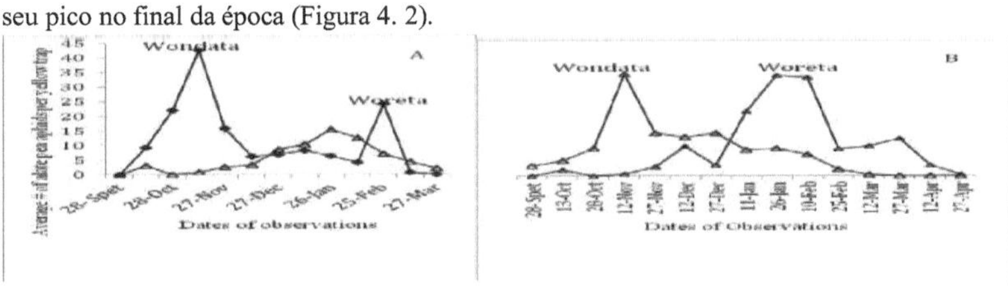

Figura 4. 2: Padrões de voo do afídeo da ervilha em *Wondata* e *Woreta* durante A) 2009/10 e B) 2010/11 épocas de colheita

4. 3.2. Influência da prática de cultivo de ervilha na dinâmica populacional do afídeo da ervilha

A dinâmica populacional do afídeo da ervilha nas culturas de ervilha foi muito influenciada pelas práticas agrícolas. Em ambas as épocas de cultivo e em diferentes condições de cultivo, as populações de pulgões da ervilha em *Wondata* foram mais elevadas do que em *Woreta*. Em ambas as práticas agrícolas, os resultados da monitorização revelaram que, em 2009/10, o pico mais elevado ocorreu nas fases iniciais da cultura do que na época agrícola de 2010/11 (Figura 4.3 A e B, e 4.4 A e B). A principal causa para esta diferença foi a distribuição da precipitação ao longo da época de cultivo. Isso significa que em 2009/10, a partir do início de setembro, as condições meteorológicas eram secas, enquanto em 2010/11 houve uma pequena chuva até meados de outubro.

Em *Wondata*, a população de pulgões da ervilha acumulada na ervilha foi de nível de apoio significativo mais elevado nos campos de agricultores que cultivaram ervilha em terras em pousio do que o milho sob sementeira e depois do teff (Figura 4.3 A e B). No entanto, no caso de *Woreta,* o cultivo de ervilha teve maior população de pulgões da ervilha em 2009/10 e após o pousio em 2010/11 (Figura 4. 4 A e B). O estudo mostrou que o desenvolvimento da população de pulgões da ervilha foi influenciado pelas práticas agrícolas, localizações, épocas de cultivo e condições climatéricas. Observou-se que a ervilha plantada em terras em pousio tinha uma cobertura uniforme e havia poucos espaços abertos entre as plantas individuais, enquanto a ervilha plantada após o teff e o milho sob sementeira não tinha uma cobertura uniforme e tinha um espaçamento grande e variável entre as plantas individuais. Para além disso, o milho sob sementeira de ervilha criou um microclima devido ao efeito de sombreamento do milho. O resultado deste estudo confirma que o efeito perturbador das práticas agrícolas, tal como na luzerna, influenciou consideravelmente a formação de populações de afídeos (Campbell, 1973). Do mesmo modo, foi referido que o aumento do espaçamento entre plantas reduziu significativamente o número de pulgões da ervilha por planta (Wnuk e Wiech, 1996).

O tamanho da população de afídeos da ervilha e o período de pico na ervilha sob diferentes práticas agrícolas variaram. O pico mais elevado em *Wondata,* na ervilha plantada em terras em pousio, foi por volta do final de dezembro em 2009, mas foi adiado para fevereiro em 2011. A ervilha cultivada sob milho e após teff mostrou uma tendência semelhante de população em *Wondata* durante os dois anos de estudo, com populações mais baixas e picos entre dezembro e janeiro (Figura 4.2A e B).

Em geral, as populações de pulgões da ervilha foram mais elevadas durante a floração e a formação das vagens da ervilha em várias práticas agrícolas. Em particular, em *Woreta,* os maiores picos populacionais na época de cultivo de 2010 foram registados nas três práticas agrícolas na segunda semana de dezembro para a ervilha plantada após o pousio, no final de dezembro após o teff e o arroz (Figura 4. 3A). Por outro lado, em 2010/11, a população de pulgão da ervilha atingiu o pico mais elevado na ervilha plantada após o pousio, na segunda semana de janeiro. As populações da ervilha plantada após o pousio e após o arroz foram inferiores às da ervilha plantada após o pousio, com picos no final de dezembro e na segunda semana de janeiro, respetivamente (Figura 4. 3B). Da mesma forma, (Cagan e Berta, 2001) relatam que a densidade de pulgões atingiu o pico durante a floração e o início da formação das vagens. Depois de atingir o pico, a densidade de pulgões caiu drasticamente e não recuperou antes da colheita da ervilha.

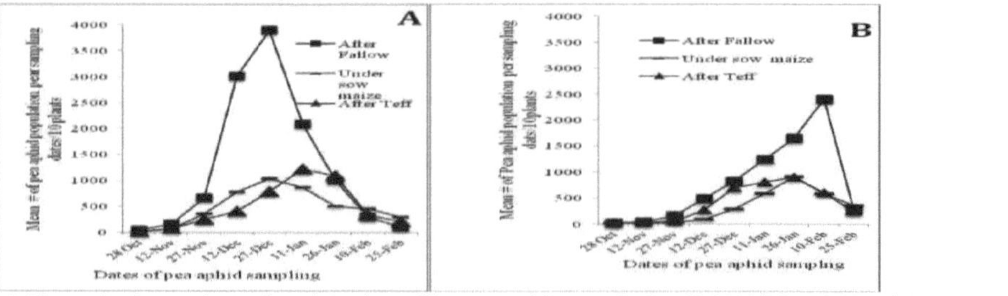

Figura 4.3: Flutuação da população do pulgão da ervilha com práticas agrícolas A) 2009/10 e B) 2010/11 em

Wondata

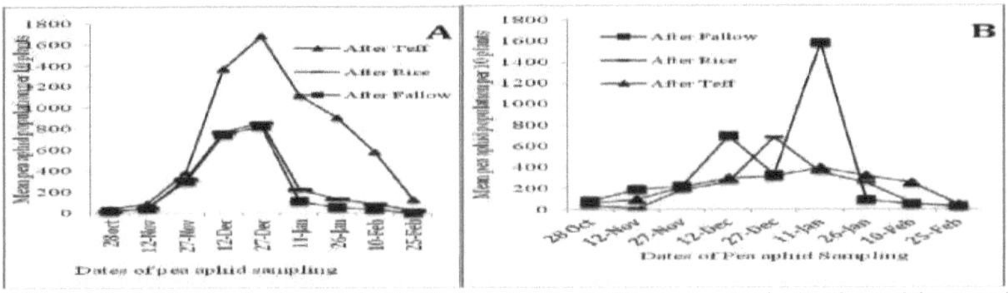

Figura 4. 4: Flutuação da população do pulgão da ervilha com a variação das práticas agrícolas durante *A)* 2009/10 e B) 2010/11 épocas de colheita em *Woreta*

De acordo com a ANOVA combinada sobre a estação e o sistema de cultivo, a densidade total do pulgão da ervilha foi significativamente diferente em *Wondata* e *Woreta* ($F_{53,486}$ = 979,16, P<0,0001) e *Woreta* ($F_{53,486}$ = 423,91, P<0,0001) (Anexos 1 e 2), respetivamente. Esta análise de resultados indicou que a época de cultivo, os sistemas de cultivo, a data de amostragem e a sua interação tiveram um efeito variável na população de afídeos da ervilha (Quadro 4.1 e 4.2).

Em *Wondata*, a densidade total por 10 plantas na época de cultivo de 2009/10 foi significativamente mais elevada do que a população de 2010/11 nas três práticas agrícolas. A população de afídeos na ervilha plantada em terra arada tem uma população significativamente mais elevada do que as restantes práticas agrícolas. Em *Woreta,* a população foi inferior à de *Wondata* em todas as práticas agrícolas. Na ervilha plantada em terras em pousio em 2009/10, a população do pulgão da ervilha foi significativamente inferior à da ervilha plantada depois do teff. Em ambos os anos, foi registada uma população significativamente baixa do pulgão na ervilha plantada depois do arroz, como indicado no Quadro 4.1. Melaku *et al.* (2003) explica que as plantas de ervilhaca em Wondata crescem misturadas com outras culturas de campo, como o milho ou outras gramíneas e ervas naturais (ervas daninhas) que podem ter um efeito de diluição na população de pulgões da ervilha, bem como tornar-se o lar de inimigos naturais que atacam os pulgões da ervilha.

No ano de 2009/10 em *Wondata*, na prática agrícola após o pousio, as densidades de pulgões da ervilha aumentaram de forma constante com o avanço das fases de crescimento da cultura (até 90 dias após a emergência) e depois diminuíram. Apesar da menor densidade de afídeos da ervilha, o padrão foi o mesmo para o milho sob a prática agrícola de sementeira. No sistema após o teff, a densidade do pulgão da ervilha aumentou até 105 dias após a emergência (mais duas semanas em comparação com as outras práticas agrícolas). Por exemplo, em *Wondata,* a dinâmica da população de pulgões da ervilha em 2009/10 foi mais elevada do que em 2010/11 na fase inicial e a tendência foi semelhante na fase posterior. A população de pulgões da ervilha por 10 plantas também variou significativamente em terras em pousio, milho sob sementeira e após a colheita do teff, prática de cultivo de ervilha (Quadro 4.1).

Em *Wondata*, a média de dias de pulgão da ervilha por planta em 2009/10 foi de 5 - 5170,6, 2 - 1813,1 e 3 - 1422,8 em terras em pousio, após a sementeira de teff e milho, respetivamente. Mas, em 2010/11, a média de dias de pulgão da ervilha por planta foi menos significativa: 1,6 - 2167,7, 2,1 - 1382,9 e 1,4 - 1124,9 em terras em pousio, depois do teff e do milho em sementeira, respetivamente. Tanto na primeira como na segunda época, os dias de pulgão na ervilha após o pousio foram superiores aos do milho sob sementeira e após o teff (Quadro 4.2).

Em *Woreta*, a média de dias de pulgão da ervilha por planta em 2010/11 foi mais elevada do que em 2009/10. Os dias de pulgão da ervilha por planta variaram significativamente consoante a prática agrícola (após pousio, após teff e arroz). A média de dias de pulgão da ervilha por planta em 2009/10 foi de 1,9 - 1175,3, 2 - 1280,8 e 0 - 146,9 em pousio, após teff e arroz, respetivamente. No entanto, em 2010/11, a média de dias do pulgão da ervilha foi de 7,9 - 2181,5, 6 - 536 e 3,8 - 777,8 em terras em pousio, depois do teff e do arroz, respetivamente (Quadro 4.2).

Tabela 4.1: Densidade média do pulgão da ervilha/planta influenciada pela época de cultivo, fase de crescimento da cultura e variação das práticas agrícolas em Wondata e Woreta (2009/10 e 2010/11)

Data de amostragem *	Época de colheita 2009/10				Época de colheita 2010/11			
	Pousio	Depois do Teff	Milho em sementeira	Depois do arroz	Pousio	Depois de Teff	Milho em sementeira	Depois do arroz
				Wondata				
30	5.0gA	2.0fC.	3.0fB	-	1.6gB	2.1fA	1.4fB	-
45	16.0fgA	8.0fB	7.0fB	-	4.0gA	3.7fA	2.2fB	-
60	265.9cA	24,9eC	35,9eB	-	15.9fgA	4.8fB	3.2fC	-
75	300.7bA	41,0dC	78.0cB	-	48.3eA	26,9eB	8.3eC	-
90	388.7aA	78.8cC	103.1aB	-	81.7dA	69,8cB	28,9dC	-
105	208,0dA	121.6aB	86.6bC	-	124.3cA	80.0bB	58.9bC	-
120	100,5eA	109.0bA	50,9dB	-	164.8b A	90.5aB	91.1aB	-
135	30.2fB	33,7dB	45,9dA	-	241.2aA	60,1dB	58.0bB	-
150	10,5fgC	21,4eB	30.0eA	-	26.3fB	25.1eB	35.8cA	-
				Woreta				

30	1.9efA	2.0fA	-	0,0fB	7.9efA	6.0fB	-	3.8eC
45	4.7eA	4.2efA	-	0,0fB	18.9deA	18.1eA	-	9.3eB
60	30.0cA	6.3efB	-	1.8eC	22.3dA	21.4deA	-	18,3cdB
75	74.4bA	60.2cB	-	2.3eC	69.6cA	29.5bcB	-	26.4bcB
90	82.3aA	82.1bA	-	3,3dB	133.1b A	31.5bC	-	68.3aB
105	10,7dB	88.7aA	-	11.6aB	157.8aA	39.6aB	-	35.4bB
120	5.3eB	77.1bA	-	8.0bB	9.1efB	31.9bA	-	25.3bcA
135	3.3efB	49.2dA	-	5.1cB	5.1fB	25,5cdA	-	6.4eB
150	0,0fC	10.1eA	-	2.1eB	3.6fB	4.8fA	-	2.0eC

As médias dentro de uma coluna (dentro de uma estação) seguidas pela(s) mesma(s) letra(s) minúscula(s) e as médias dentro de uma linha seguidas pela(s) mesma(s) letra(s) maiúscula(s) não são significativamente diferentes de acordo com Tukey HSD (P<0,05).
* Dias após a emergência da cultura (DAE)

Quadro 4.2: Dias médios de pulgão da ervilha/planta influenciados pela época de cultivo, fase de crescimento da cultura e variação das práticas agrícolas em *Wondata* e *Woreta* (2009/10 e 2010/11)

Datas de amostragem[A]	**Época de colheita 2009/10**	**Época de colheita 2010/11**

	Pousio	Depois do Teff	Milho sob sementeira	Depois do arroz	Pousio	Depois do Teff	Milho sob sementeira	Depois do arroz
30	5.0gA	2.0fC.	3.0fB	*Wondata* -	1.6gB	2.1fA	1.4fB	-
45	157.5ef A	74.8fB	75.4g B	-	42.0eA	43.3gh A	26,9g B	-
60	2114.1 cA	246,8eC	322.3f B	-	149,6e A	63,3gB	39,8g C	-
75	4246.6 bA	494.4d C	854,7d B	-	481.8d A	237.4f B	86,2fC	-
90	5170.6 aA	898.7cC	1358.7 aB	-	975.2c A	724,9d B	279,3e C	-
105	4475.1 bA	1503.0b B	1422.8 aB	-	1544.9 bA	1123.0 cB	658.1d C	-
120	2313.9 cA	1729.7a B	1031.3 bC	-	2167.7 aA	1278.5 bB	1124.9 aC	-
135	1000.0 dB	1813.1a B	935.4c B	-	2025.8 aA	1382.9 aB	957.8b C	-

150	305,6e C	413,2d B	569.5e A	-	2006.0 aA	639,2e B	703.2c B	-
				Woreta				
30	1.9gA	2.0fA	-	0,0fB	7,9gA	6.0fB	-	3.8eC
45	49.7fg A	46.1efA	-	0,0fB	200.6efA	181.2eA	-	98,0deB
60	260.3d A	78,4eB	-	13,4gC	308.9eA	296.3dA	-	206,4cdB
75	782.7b A	498,4d B	-	30,7fC	689.3dA	381.3cB	-	335.1bcC
90	1175.3 aA	1066.7b B	-	42,1eC	1520.0bA	456.9bC	-	744.0aB
105	698.0c B	1280.8a A	-	111.5bC	2181.5aA	533.2aC	-	777.8aB
120	120,5e B	1243.5a A	-	146,9aB	1251.8cA	536.9aB	-	455.0bB

135	64.9fB	947.3c A	-	98,5cB	106,3fgC	431.0bcA	-	237.6cB
150	25.0fg C	445.1d A	-	53,9dB	63,0gB	227.7eA	-	63,3eB

As médias dentro de uma coluna (dentro de uma estação) seguidas pela(s) mesma(s) letra(s) minúscula(s) e as médias dentro de uma linha seguidas pela(s) mesma(s) letra(s) maiúscula(s) não são significativamente diferentes de acordo com Tukey HSD (P<0,05).

* Dias após a emergência da cultura (DAE)

Em *Woreta*, a densidade do pulgão da ervilha na segunda época foi mais elevada do que na primeira época. A densidade do pulgão da ervilha por 10 plantas variou significativamente consoante a prática agrícola (após o pousio, teff e arroz). A densidade total de pulgões da ervilha por 10 plantas na época de cultivo de 2009/10 foi de 2126,9, 3798,00 e 341,6 em pousio, teff e arroz, respetivamente. Por outro lado, na época agrícola de 2010/11, a densidade total de pulgões da ervilha foi registada em 4272,7, 2083,9 e 1951,5 em terras em pousio, teff e arroz, respetivamente (Quadro 4.3).

Quadro 4.3: Densidade total de afídeos da ervilha influenciada pela época de cultivo e pela prática agrícola

Épocas de colheita		Número de pulgões/ 10 plantas		
	Pousio	Depois do teff	Milho em sementeira	Depois do arroz
Época de colheita 2009/10	13255.6a	4404.2c	***Wondata*** 4405.7c	--
Época de colheita 2010/11	7080.4b	3628.6d	2877.1e	--
Época de colheita 2009/10	2126.9c	***Woreta*** 3798.00b	--	341.6d
Época de colheita 2010/11	4272.7a	2083.9c	--	1951.5c

4.3.3. Influência da temperatura e da precipitação no padrão de voo do afídeo da ervilha e na dinâmica populacional

A cultura da ervilha foi cultivada de setembro a janeiro. Na área de estudo, a flutuação dos factores climáticos nas duas estações experimentais não foi significativamente diferente. A variação da temperatura máxima não variou significativamente durante estes meses. No entanto, no local de estudo de Wondata, a temperatura mínima e as populações de pulgões da ervilha estiveram inversamente relacionadas durante os primeiros 45 dias após a emergência da cultura (4 de setembroth - 4 de outubroth semana) e uma tendência semelhante de aumento ou diminuição durante os 90 dias seguintes (4th semana de outubro - 4th semana de janeiro). Depois disso, a tendência divergiu para o lado oposto (Figura 4.5A, B e 4.6A, B). Sutherland (1969a e b) referiu que a temperatura afectava a longevidade do afídeo da ervilha, o tempo de desenvolvimento, a fecundidade total e a taxa de fecundidade, que influenciam a taxa intrínseca de aumento.

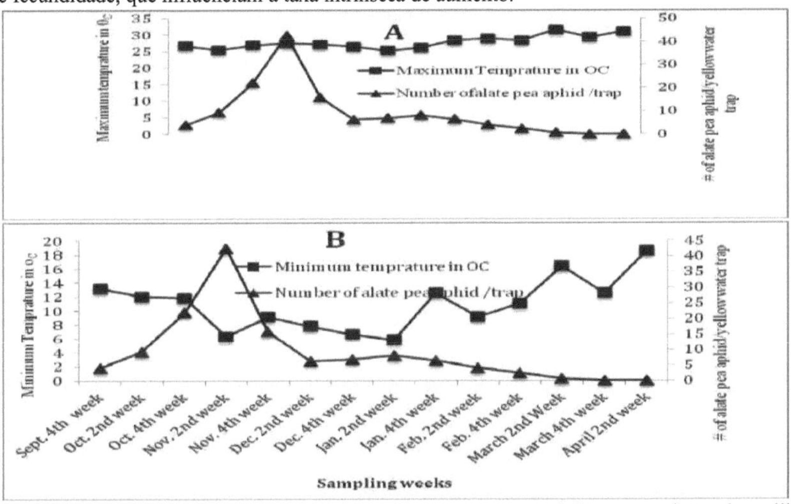

Figura 4.5: Relação entre A) a temperatura máxima e B) a temperatura mínima e os pulgões da ervilha-de-cheiro capturados por armadilha de água amarela durante a campanha agrícola de 2009/10 em *Wondata*

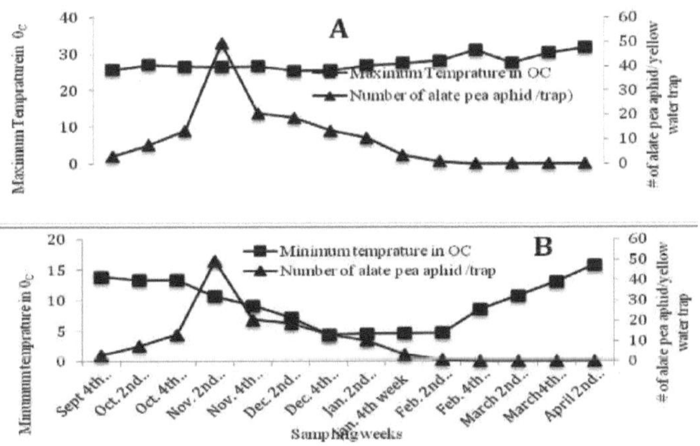

Figura 4. 6: Relação entre A) a temperatura máxima e B) a temperatura mínima e o número de pulgões da ervilha-de-cheiro capturados por armadilha de água amarela durante a época agrícola de 2010/11 em *Wondata.*

A variação da precipitação e da humidade relativa afectou o padrão de voo e a dinâmica populacional do afídeo da ervilha (alado e não alado) em diferentes locais, estações e práticas agrícolas (Figuras 4.7A, B e 4.8A, B). No local de estudo de *Woreta*, soprou um forte vento de deriva do lado *do Lago Tana* para a encosta (geralmente de oeste para leste), transportando o afídeo da ervilha de campo para campo (observação pessoal). Vários estudos realizados noutras partes do mundo indicaram que vários tipos de factores meteorológicos causam flutuações nos níveis populacionais do afídeo da ervilha. Os efeitos individuais ou combinados de factores físicos como temperaturas extremas, chuvas fortes (Dunn e Wright, 1955) e práticas agrícolas (Van den Bosch *et al.*, 1966) podem causar uma mortalidade significativa nas populações de afídeos da ervilha. Os factores bióticos, como o aumento da maturidade da planta hospedeira ou as elevadas densidades de afídeos, podem causar uma redução da fecundidade e das taxas de desenvolvimento dos afídeos (Murdie, 1969 a e b) e a produção de descendentes alados (Sutherland, 1969 a e b), o que leva à migração em massa, causando um rápido declínio da população (Dunn e Wright, 1955).

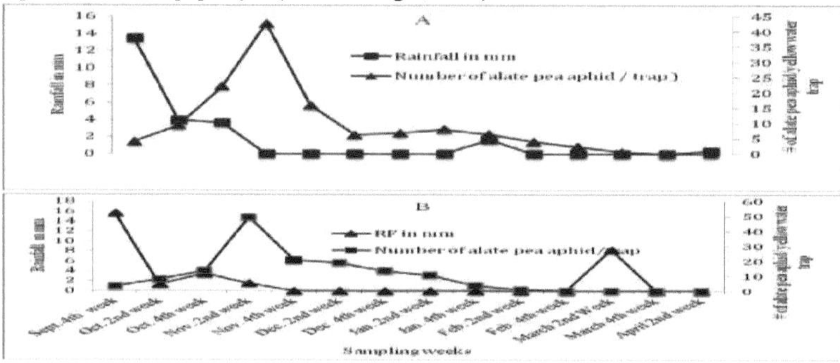

Figura 4.7: Relação entre a pluviosidade e o número de pulgões da ervilha-de-cheiro capturados por armadilha de água amarela durante A) 2009/10 e B) 2010, na campanha agrícola de *Wondata*

Embora não existam dados meteorológicos disponíveis para *Woreta*, a relação de tendência entre o voo do afídeo da ervilha e o clima sugere um padrão semelhante. A única diferença no local de estudo de *Woreta* pode ser a presença de ervilha em fase vegetativa durante um período mais longo (de finais de setembro a meados de maio), em comparação com a área *de Wondata,* e a presença de ventos fortes do *Lago Tana* para as colinas a leste. Estes factores ambientais podem alterar a tendência de voo do afídeo da ervilha no local de estudo de *Woreta*.

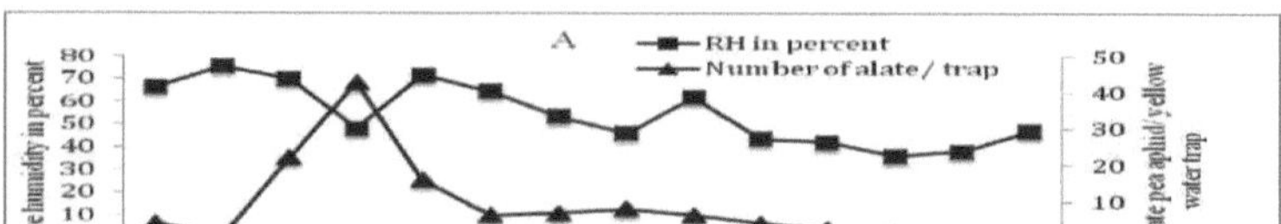

Figura 4.8: A relação entre a humidade relativa e o número de pulgões da ervilha-de-cheiro capturados por armadilha de água amarela durante A) 2009/10 e B) 2010/11 na campanha agrícola de *Wondata.*

4. 4. Conclusões

O voo do pulgão da ervilha começa no final de setembro e termina em meados de março em *Wondata* e no final de abril em *Woreta*. Este padrão de voo do pulgão da ervilha variou ao longo da estação e do local, dependendo dos factores climáticos e da mudança das fases de crescimento da cultura.

A densidade total de afídeos da ervilha variou significativamente entre os dois anos, os locais e a variação das práticas agrícolas. Do mesmo modo, a densidade do pulgão da ervilha também variou significativamente ao longo das fases de crescimento da cultura em cada sistema de cultivo, estação e local. A densidade do pulgão da ervilha é significativamente mais elevada na prática agrícola após o pousio, seguida de após o teff, milho sob sementeira em *Wondata* e após o pousio, após o teff e após o arroz em *Woreta*.

Por conseguinte, uma compreensão aprofundada do padrão de voo do pulgão da ervilha no tempo e no espaço, bem como da flutuação da densidade do pulgão da ervilha na estação, no local e no sistema de cultivo, ajuda a conceber e a aplicar tácticas de gestão do pulgão da ervilha que sejam rentáveis e respeitadoras do ambiente.

O efeito da temperatura, da precipitação e da humidade no desenvolvimento do pulgão da ervilha e os factores do estádio de crescimento da cultura no desempenho do pulgão da ervilha devem ser mais investigados.

Capítulo 5

Dinâmica sazonal das populações do afídeo da ervilha, *Acyrthosiphon pisum* (Harris) (*Homoptera: Aphididae*), influenciada pela época de cultivo, localização, tratamento incestuoso e época de sementeira da ervilha, *Lathyrus sativus* (L.)

5.1. Introdução

A ervilha-de-cheiro, *Lathyrus sativus* (L.), pertencente à família Leguminosae, é uma cultura alimentar humana, animal e forrageira. Das 187 espécies do género *Lathyrus*, apenas *a L. sativus* é amplamente cultivada. A ervilha-de-cheiro, com os seus nomes locais *guaya* na Etiópia e *khesari* na Índia, é um alimento diário para milhões de pessoas na Ásia e em África (Campbell, 1997). Tem sido cultivada desde os tempos neolíticos e continua a ser uma cultura popular e promissora, fornecendo as proteínas alimentares mais baratas que existem (Hanbury *et al.*, 2000). A planta é bem conhecida pela sua capacidade de resistir às inundações e à seca e é considerada uma cultura de segurança para os agricultores de subsistência em zonas propensas à seca. Tal como a maioria das leguminosas, fixa o azoto atmosférico, o que a torna adequada para um sistema agrícola sustentável a longo prazo e para a consociação com outras culturas de elevado valor. As sementes de *L. sativus* contêm 26,3-34,3% de proteínas, 2,6-3,9% de cinzas, 5,3% de gorduras, 10% de fibras brutas, 0,8-1,5% de lenhina e 41,2% de amido (Hanbury *et al.*, 2000). Sabe-se que existe uma forte associação epidemiológica entre o consumo prolongado de ervilha forrageira e uma doença do neurónio motor chamada paratirismo (paralisia dos membros inferiores) (Urga *et al.*, 2005). No entanto, a eliminação do paratirismo humano através da melhoria da qualidade nutricional da ervilha e do aumento do seu valor económico, especialmente através da reprodução, trouxe resultados promissores em que o nível do produto tóxico, ODAP, é reduzido para um nível que não afectaria a saúde humana (Campbell, 1997).

A ervilha cresce em amplas agroecologias da Etiópia, especialmente na parte noroeste, durante a estação seca, com humidade residual a partir de setembro até abril. A época de plantação da ervilha varia consoante o local e o regime de precipitação da estação. Em qualquer altura da plantação na parte noroeste da Etiópia, a ervilha sofre danos provocados pelo pulgão da ervilha. Por exemplo, durante a época de colheita de 1998/99, foram recolhidas densidades populacionais elevadas de afídeos, com números que denotam 60-80 por varredura, na zona de *Wondata* (Melaku *et al.*, 2002 e 2003). Estudos anteriores na zona de *Wondata*, *Inewari* e *Debre Zeit* mostraram que os afídeos da ervilha são uma praga economicamente importante da ervilha (Melaku, 2004; AARC, 2002a e b e DZARC, 2002). Os agricultores destas zonas não esperam que a ervilha produza (grão e biomassa) se não for protegida com inseticida contra os afídeos da ervilha. A rotação de culturas é parte integrante dos sistemas de produção, sem a qual as principais culturas de cereais, como o teff, não podem ser produzidas.

Por conseguinte, os objectivos do estudo consistiram em investigar os padrões da dinâmica populacional de *A. pisum* e o desempenho associado aos danos causados à ervilha, à perda de rendimento de grão e de biomassa em função dos locais, das épocas de cultivo, dos tratamentos insecticidas e das variações das datas de sementeira nas principais zonas produtoras de ervilha do noroeste da Etiópia.

5. 2. Materiais e métodos

5.1.1. Descrição da zona de estudo

O estudo foi efectuado durante as épocas agrícolas de 2009/10 e 2010/11 em dois locais na região ocidental de *Amhara*, no noroeste da Etiópia. *Woreta situa-se* na zona administrativa de *Gondar Sul*, a leste do *Lago Tana* e a sul de *Addis Zemen*, com uma latitude de 11^0 55'N e uma longitude de 37^0 42'E a uma altitude de 1828 m.a.s.l. O sistema agrícola do local de estudo de *Woreta* é predominantemente a produção de cereais (arroz e teff) durante a estação das chuvas e a produção de leguminosas (ervilha e grão-de-bico) na humidade residual, mas a produção de culturas hortícolas aumenta de ano para ano através da irrigação. *Wondata* está situada em *Bahir Dar Zuria* woreda, na margem sul do *Lago Tana*, a noroeste de Adis Abeba, a uma altitude de 11^0 36'N e a uma longitude de 37^0 23'E e a uma altitude de 1840 metros acima do nível do mar. O sistema agrícola do local de estudo de *Wondata* é predominantemente a produção de cereais (teff e milho) durante a estação das chuvas e a produção de leguminosas (ervilha e grão-de-bico) na humidade residual, mas atualmente a produção de culturas hortícolas tem vindo a aumentar de ano para ano através da irrigação.

5.1.2. Conceção experimental

O desenho experimental foi uma parcela dividida, com inseticida protegido e não protegido como efeitos principais e uma combinação fatorial de três épocas de sementeira e 9 épocas de amostragem como subparcelas com três repetições. As três épocas de sementeira foram seleccionadas como precoce, intermédia e tardia, considerando a época de sementeira ideal para os agricultores como a época intermédia e 15 dias antes e depois da época ideal. A época de amostragem foi fixada tendo em conta o início da infestação do pulgão da ervilha nas áreas de estudo, a maior parte da infestação do pulgão da ervilha começa 30 dias após a emergência (DAE) e a amostragem continua até à maturidade (150DAE) num intervalo de 15 dias.

Em 2009/10 e 2010/11, as parcelas experimentais foram semeadas em *Wondata* a 19 de setembro, 5 de outubro e 20 de outubro, e em *Woreta* a 21 de setembro, 7 de outubro e 22 de outubro. A ervilha local foi plantada à taxa de 100 kg/ha e as parcelas individuais tinham um tamanho de $25m^2$ (5 m x 5 m), com métodos de difusão para todas as experiências de todos os locais e épocas de cultivo. As parcelas protegidas foram pulverizadas com Dimetoato 50% E.C. à taxa de 2 l/ha quando a ervilha se encontrava nas fases vegetativa (45DAE), de floração a 50% (75DAE) e de formação das vagens a 50% (105DAE), utilizando um pulverizador manual de dorso, três vezes na época de cultivo.

5.2.3. Métodos de recolha de dados

Os dados sobre os afídeos da ervilha foram recolhidos em intervalos de duas semanas, desde a fase tardia das plântulas (30 dias após a emergência) até à maturidade (150 dias após a emergência). Foram seleccionadas aleatoriamente cinco plantas de cada parcela e o número total de afídeos foi registado em cada planta. Os danos causados às culturas pela infestação de pulgões da ervilha foram estimados em termos de percentagem de desempenho das culturas afectadas na fase de floração e de formação das vagens e faz a média dos danos causados às culturas ao longo das fases de crescimento. Na maturidade, a área total da parcela foi colhida. Todas as partes acima do solo da parte da cultura colhida foram medidas utilizando uma balança de mola antes da debulha para comparar a perda de rendimento de biomassa devido a variações entre tratamentos. O rendimento do grão também foi pesado após a debulha; foi depois limpo e o grão seco foi pesado com uma balança sensível.

5. 2. 4. Análise de dados

Foram recolhidos e calculados o número de pulgões da ervilha/planta em diferentes alturas de amostragem, a percentagem de danos nas culturas e a biomassa e rendimento de grãos. Os dados foram testados quanto à normalidade e homogeneidade da variância antes da análise estatística. No caso de todos os dados relativos à contagem de afídeos da ervilha, foi aplicada a transformação da raiz quadrada utilizando a fórmula $\sqrt{Y + 0.5}$ (Rangaswamy, 1995). Todos estes dados foram
submetidos a uma análise estatística combinada das épocas de cultivo, dos locais, dos tratamentos insecticidas e das épocas de sementeira, utilizando o modelo de ajuste do software JMP 5.0.1 (SAS, 2003). A separação de médias para tratamentos significativamente diferentes foi efectuada utilizando Tukey HSD a=0,05 e p<0,05. O número médio de pulgões da ervilha/planta foi utilizado para calcular os dias de pulgão da ervilha para cada tratamento.

Os dias de pulgão da ervilha foram calculados de acordo com Ruppel (1983) com a fórmula:

$$, Pulgão... dias = \frac{1}{2}\left[\frac{PD + CD}{2}\right] * ND$$

Em que PD representa o número médio de afídeos/planta na data anterior, CD o número médio atual de afídeos/planta e ND o número de dias entre as duas amostragens.

O dia acumulado do pulgão da ervilha foi calculado através da soma sequencial dos dias individuais dos insectos para diferentes datas de amostragem do pulgão da ervilha.

A biomassa e o rendimento de grãos das parcelas protegidas e não pulverizadas foram comparados tendo em conta a época de cultivo, a localização e as épocas de sementeira, utilizando a fórmula de cálculo da perda de rendimento (%). A perda percentual de biomassa e de rendimento de grãos foi calculada a partir da seguinte fórmula:

$$Loss = \left(\frac{x_1 - x_2}{x_1}\right) * (100)$$

Perda percentual de vagens/rendimento devido à praga (Hossain *et al.*, 2006):

Onde, x_1 é o rendimento médio das parcelas pulverizadas, x_2 é o rendimento médio das parcelas não pulverizadas

5.3. Resultados e discussão

5.3.1. Efeito das épocas de cultivo, locais, tratamentos insecticidas e variação das épocas de sementeira na densidade do afídeo da ervilha

A densidade populacional do pulgão da ervilha variou em diferentes fases de crescimento da época de cultivo da ervilha, localização, tratamento inseticida e épocas de sementeira. O número de pulgões/planta nas diferentes datas de amostragem (dias após a emergência da cultura) foi mais elevado em 2010/11 do que em 2009/10, em *Wondata* do que em *Woreta* e nas culturas pulverizadas do que nas não pulverizadas. As culturas de ervilha de sementeira média e tardia tiveram densidades mais elevadas do que as de sementeira precoce até 90DAE, após o que o padrão se inverteu (Figura 5.1 A, B, e 5.2 A, B).

Os factores meteorológicos, como a temperatura, a precipitação e a humidade relativa, afectam a ocorrência do pulgão da ervilha. A variação na quantidade e duração da precipitação em 2009/10 e 2010/11 causou uma diferença na população de pulgões da ervilha. O número de pulgões da ervilha foi mais elevado em 2010/11 do que em 2009/10. Em 2009/10, o pico da população de pulgões da ervilha foi registado aos 75 e 90DAE, enquanto em 2010/11 o pico foi registado aos 120DAE (Figura 5.1B). Do mesmo modo, estudos anteriores de Melaku (2004) indicaram que as populações de afídeos da ervilha variavam significativamente com as épocas de cultivo (anos) e as fases de crescimento da cultura.

Quando a cultura foi protegida nas fases vegetativa (45DAE), de floração (90DAE) e de formação de vagens (120DAE), as parcelas protegidas tiveram menos população de pulgões da ervilha do que as parcelas não protegidas (Figura 5.1B). Tanto nas parcelas protegidas como nas desprotegidas, nas várias épocas de sementeira, a população foi significativamente mais elevada em *Wondata* do que em *Woreta* em ambas as épocas de cultivo (2009/10 e 2010/11) (Figura 5. 2B). Para além disso, a população por planta foi significativamente maior em *Wondata* do que em *Woreta* em todas as fases de crescimento (Figura 5.2A). Da mesma forma, a AARC (2002a) relatou que a infestação do pulgão da ervilha em ervilhas foi maior em torno de *Wondata*.

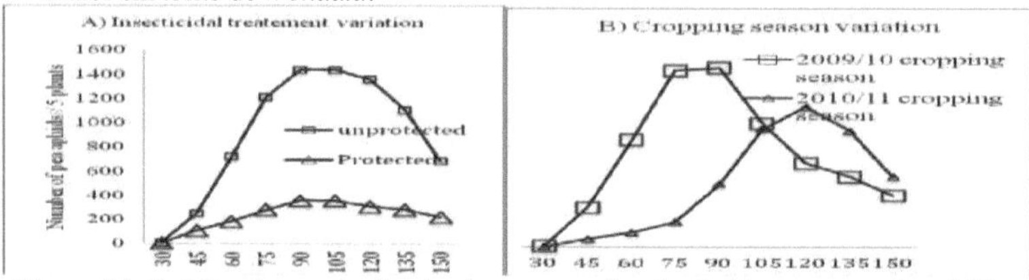

Figura 5.1. Padrões de populações de *A. pisum* em função de A) tratamento inseticida e B) época de cultivo.

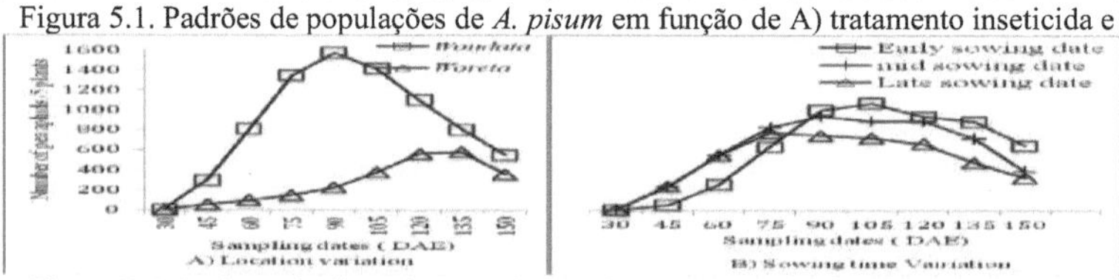

Figura 5. 2: Padrões da dinâmica populacional de *A. pisum* devido à variação de A) locais e B) épocas de sementeira.

5.3.2. Efeito dos locais, das épocas de cultivo, dos tratamentos insecticidas e da variação das épocas de sementeira na dinâmica populacional do pulgão da ervilha em várias fases de crescimento

A população do pulgão da ervilha varia significativamente com a época de cultivo, o local, a data de sementeira e o tratamento inseticida em diferentes datas de amostragem (dias após a emergência da cultura). A ANOVA combinada sobre a época de cultivo, os tratamentos insecticidas, as épocas de sementeira e as datas de amostragem (dias após a emergência da cultura), a densidade/planta do afídeo da ervilha variou significativamente em wondata ($F107, 216 = 36,72$, $p<0,0001$) e Woreta ($F\ 107, 216 =19,12$, $p<0,0001$) (Anexos 3 e 4).

Nos locais de estudo de *Wondata* e *Woreta*, a densidade de pulgões da ervilha/planta das parcelas não pulverizadas foi significativamente superior à das parcelas pulverizadas em ambas as estações. Nas parcelas não pulverizadas, houve uma diferença significativa na densidade de pulgões da ervilha em todas as fases de crescimento da cultura, exceto nas fases iniciais de crescimento da cultura (30 - 45DAE), mas na maioria das parcelas pulverizadas não houve diferença significativa na densidade de pulgões da ervilha em todas as fases de crescimento da cultura em todas as épocas de cultivo. Por conseguinte, este estudo mostrou que na fase 75DAE, a densidade foi mais elevada em 2009/10 em *Wondata* do que em 2010/11 num local semelhante e em ambas as épocas de cultivo de *Woreta*. Na fase posterior da cultura (120DAE), a densidade foi mais elevada em 2010/11 do que em 2009/10 em Woreta (Quadro 5.1 e 5.2). Esta tendência da dinâmica populacional do pulgão da ervilha depende dos factores climáticos (padrões de precipitação, temperatura e humidade relativa) e das datas de observação (fases de crescimento da cultura). Wains *et al.* (2010) referiram que, durante a fase inicial dos instares do afídeo, a fase suculenta da planta pode escapar e que temperaturas mínimas mais baixas e chuvas fortes reduzem a população de afídeos.

Ao longo da experiência, o número médio da população de pulgões da ervilha em *Wondata* foi significativamente maior do que em *Woreta*. O número da população média de pulgões da ervilha registado a meio da sementeira foi superior ao da sementeira tardia, seguido da sementeira precoce, exceto o número da população média de pulgões da ervilha registado a 150DAE. O pico mais elevado da população média de pulgões da ervilha foi registado em *Wondata* na época agrícola de 2009/10 em parcelas não pulverizadas numa fase de cultura a 90DAE (337.9 pulgões da ervilha/planta) e 75DAE (300 pulgões da ervilha/planta) e novamente em 2010/11 em parcelas não pulverizadas em estágios de colheita a 120 DAE e 135DAE foram registados 212,5 e 176,1 pulgões médios da ervilha/planta, respetivamente (Tabela 5.1). A densidade mais baixa de pulgão médio/planta foi registada nos estádios de crescimento inicial e final da cultura em várias épocas de sementeira em ambas as épocas de cultivo e em parcelas pulverizadas e não pulverizadas (Quadro 5.1 e 5.2).

Nas primeiras fases de crescimento da ervilha forrageira (até 90DAE), as épocas de sementeira tardia e intermédia, influenciadas pela localização, época de cultivo e variação do tratamento inseticida, proporcionaram um número médio de população de pulgões da ervilha significativamente mais elevado do que as épocas de sementeira precoce.

Estes resultados estão de acordo com vários relatórios que salientam a vantagem relativa da sementeira precoce em relação à sementeira tardia de diferentes culturas, a utilização de insecticidas e a compreensão da localização e das condições meteorológicas da época de cultivo para minimizar os danos causados pelo afídeo da ervilha (Karungi *et al.*; 2000 e DZARC, 2002). De acordo com Karungi *et al.* (2000), a redução das populações de afídeos da ervilha com a plantação precoce é atribuída à menor densidade populacional de afídeos no início da estação, que só aumenta à medida que a estação avança. Estes autores são também da opinião de que chuvas fortes no início da estação podem matar os afídeos da ervilha.

Quadro 5.1: Número médio de pulgões da ervilha por planta em diferentes fases de crescimento da cultura, influenciado pelas épocas de cultivo, tratamentos insecticidas e épocas de sementeira em *Wondata* (2009/10 e 2010/11)

Datas de amostragem**						
		Não pulverizado				Pulverizado
	Cedo	Médio	Latel	Cedo	Médio	Tarde
			Época de colheita 2009/10			
30	5,0dB	6,0dB	19.9bcdA	4.5cA	8.3deA	2,6 mil milhões de euros
45	8,8dB	163.5cA	109.0bAB	8.1bc	5.3e	48.0a
60	162,9bcB	260.0bA	295.0aA	14.3bc	45.0a-c	31.7ab
75	300.0a	346.0a	290.0a	75.0ab	61.7ab	51.7a
90	337.9aA	249.5bA	103.3bB	53.3a-cAB	76.0aA	29,7abB
105	203.3bA	63,3dB	20.0b-dB	85.0aA	42,3a-dB	23.3abB
120	76,7cd	23.3 d	6.7d	36.7a-c	33.3b-e	21.7ab

135	18.3d	11.7d	6.2d	31.7a-c	27.7b-e	28.0ab
150	6.7d	6.0d	11.2cd	20.7a-c	15.0c-e	16.7ab
			Época de colheita 2010/11			
30	2.1dC	5.9eA	4.3eB	2.8bB	7.9bA	4.8a-dAB
45	8.7cd	11.7e	7.7e	9.5b	13.6b	7.5a-c
60	11.9cd	18.6de	11.1de	11.5b	18.3ab	10.3a
75	15,9cdB	28.9deAB	40.3c-eA	14.3bAB	36.8aA	0,9dB
90	96,7bc	94,5cd	104.5bc	89.9aA	6.4bB	9.0abB
105	123.1b	211.1a	200.2a	31.1b	6.0b	4.8a-d
120	212.5a	185.3ab	141.5ab	4.1b	5.0b	4.5b-d
135	176.1ab	124.9bc	97.4bc	8.2b	3.5b	2.9cd
150	104.3b	75.7c-e	82.9b-d	3.1b	2.1b	2.1cd

Época de sementeira do *Wondata*: Precoce = 19 de setembro; Média = 5 de outubro e Tardia = 20 de outubro.
colunas (dentro de uma estação) seguidas pela(s) mesma(s) letra(s) minúscula(s) e aquelas dentro de uma linha seguidas pela(s) mesma(s) letra(s) maiúscula(s) não são significativamente diferentes de acordo com Tukey HSD ($P<0,05$). * * Dias após a emergência da cultura (DAE)

5.3.3. Efeito da localização, da época de cultivo, da época de sementeira e da variação do tratamento inseticida nos padrões individuais dos dias do afídeo da ervilha

A ANOVA combinada sobre a localização, a época de cultivo, a época de sementeira e o tratamento inseticida, os dias do pulgão da ervilha variaram significativamente ($F_{215, 432}$ =60,61, $P<0,0001$). A época de cultivo, a localização, o tratamento inseticida, a época de cultivo *localização, a localização*aplicação de inseticida e a época de cultivo*localização e aplicação de inseticida mostraram diferenças altamente significativas a alfa 0,05 e $p<0,0001$. Por outro lado, época de colheita*época de sementeira, época de colheita*localização*época de sementeira, tratamento inseticida*época de sementeira, época de colheita*tratamento inseticida*época de sementeira e localização*tratamento inseticida*época de sementeira não apresentaram diferenças significativas a um nível alfa de 0,05 (Anexo 5).

Em geral, os dias individuais do pulgão da ervilha ou os dias acumulados do pulgão da ervilha calculados podem ser utilizados diretamente na comparação da abundância do pulgão da ervilha entre tratamentos, locais de épocas de cultivo e épocas de sementeira e dentro dos tratamentos em diferentes datas de observação/dias após a emergência da cultura. Os dias do pulgão da ervilha em várias épocas de amostragem (fases de crescimento da cultura) com variação do tratamento inseticida mostram diferenças altamente significativas ($P<0,05$), mas a variação da época de sementeira em ambos os locais não tem efeito significativo. Em contrapartida, os dias de pulgão da ervilha em *Wondata* durante 2009/10 e 2010/11 foram significativamente mais elevados do que em Woreta. Além disso, os dias de pulgão da ervilha nas parcelas pulverizadas de 2009/10 e 2010/11, bem como em *Wondata* e *Woreta,* foram significativamente mais baixos do que nas parcelas não pulverizadas (Quadro 5.3 e 5.4).

Em *Wondata, na* parcela não pulverizada de 2009/10, os dias de pico mais elevados do afídeo da ervilha foram registados a 75 e 90DAE, mas em 2010/11.

Os dias mais elevados do pulgão da ervilha foram calculados a 120 e 135DAE, que variam entre 4387,5 (sementeira tardia) - 4784,5 (sementeira precoce) e 2562,5 (sementeira tardia) - 2973,0 (sementeira média), respetivamente. Os dias mais baixos do pulgão da ervilha foram calculados nos estágios de crescimento inicial e final da cultura em parcelas pulverizadas e não pulverizadas (Tabela 5.3).

Tabela 5. 2: Número médio de pulgões da ervilha por planta em diferentes fases de crescimento, influenciado pelas épocas de cultivo, tratamentos insecticidas e épocas de sementeira em *Woreta* (2009/10 e 2010/11).

Datas de amostragem**	Não pulverizado			Pulverizado		
	Cedo	Médio	Tarde	Cedo	Médio	Tarde
			Época de colheita 2009/10			
30	1.1c	2.0c	8.7c	1.1bB	2,7 mil milhões de euros	14.0b-dA
45	2.7cB	7.7cA	11.3bcA	3.0b	10.9b	14.3b-d
60	12.0bcB	10.3cB	20.3a-cA	12.0bA	15.3bA	2,0dB
75	16.7a-c	17.3bc	23.3a-c	13.3b	4.3b	8.0cd
90	9.7c	21.7bc	10.3 a.C.	3.3b	10.7b	8.7.3cd
105	13.7bc	27.7a-c	14.2bc	9.0b	18.0b	33.5ab
120	31.0a-c	54.0a	57.3a	4.7bB	50,0aA	49.0aA
135	53.0a	44.7ab	51.7ab	45.0aA	52.3aA	25.3bcB
150	48.7ab	19.0bc	15.7a-c	35.7aA	25.0abA	0,0dB
			Época de colheita 2010/11			
30	0.0bB	1.6cA	0.4bAB	0.0b	0.0b	0.0d
45	0.0bB	2.7cA	2.8bA	0,5abB	0.7bB	2.6bcdA

60	1.1b	3.7c	10.6b	4.8a	3.1ab	1.2bcd
75	7.0bB	13.1cB	24.3bA	3.8ab	1.7ab	4.5b
90	32.9bB	31,9 cB	85.5aA	2.8ab	3.1ab	3.6bc
105	49.8b	86.2b	110.0a	2.4abB	4.8aAB	9.3aA
120	113.5aA	139.9aA	10.1bB	4.0ab	2.7ab	2.8bcd
135	127,5aA	5.3cB	2.4bB	2.0ab	0.9b	1.3bcd
150	6.3b	1.7c	1.9b	2.6ab	0.4b	1.1cd

Época de sementeira para *Woreta*: Precoce = 21 de setembro; Média = 7 de outubro e Tardia = 22 de outubro

Médias dentro de uma coluna (dentro de uma estação) seguidas pela(s) mesma(s) letra(s) minúscula(s) e aquelas dentro de uma linha seguidas pela(s) mesma(s) letra(s) maiúscula(s) não são significativamente diferentes de acordo com Tukey HSD (P<0,05). * * Dias após a emergência da cultura (DAE)

Em *Woreta*, nas parcelas não pulverizadas de 2009/10, os dias de pico mais elevados do pulgão da ervilha foram registados em fases de crescimento tardio (135 e 150DAE), mas em 2010/11, os dias de pico mais elevados do pulgão da ervilha foram calculados em 105 - 135 135DAE, que variam cerca de 630,0 (semeadura precoce) - 817,5 (semeadura tardia) e 1466,0 (semeadura tardia) - 1807,0 (semeadura precoce), respetivamente. Embora as quantidades de dias de pulgão da ervilha nas parcelas protegidas fossem pequenas, os dados registados seguem a mesma tendência das parcelas não pulverizadas de cada época de cultivo. Os estágios iniciais da cultura (até 90DAE) têm dias de pulgão da ervilha muito baixos em ambas as épocas de cultivo (Tabela 5.4).

Os dias de pulgão da ervilha em diferentes datas de amostragem (30 -105DAE) de 2009/10 foram mais elevados do que na mesma data de amostragem em 2010/11, após o que a tendência se inverteu (Figura 5.3A). Os dias de pulgão da ervilha em comparação com a localização foram mais elevados em *Wondata* do que em *Woreta*, com o pico mais elevado de 1600 (Figura 5.3B). O número de dias de pulgão da ervilha registado nas parcelas não pulverizadas foi superior ao das pulverizadas, com o pico mais elevado de 1400 aos 75 e 90 DAE (Figura 5. 3C). No registo da variação da época de sementeira, a época de sementeira precoce mostra menos dias médios de pulgão do que as épocas de sementeira intermédia e tardia até aos 75DAE, enquanto após os 90DAE as tendências dos dias médios de pulgão da ervilha se invertem (Figura 5.3D).

Os dias acumulados do pulgão da ervilha variam muito com os tratamentos insecticidas, os locais e as épocas de cultivo. As figuras 5.4A e B mostram dias acumulados de pulgão em *Wondata superiores* aos de *Woreta*, 2009/10 superiores aos de 2010/11 e parcelas não pulverizadas superiores às pulverizadas.

Tabela 5. 3: Dias de pulgão da ervilha em diferentes fases de crescimento da cultura com influência das épocas de cultivo, tratamentos insecticidas e épocas de sementeira em *Wondata* (2009/10 e 2010/11)

Datas de amostragem**	**Sem proteção**				**Protegido**	
	Cedo	**Médio**	**Tarde**	**Cedo**	**Médio**	**Tarde**
		Época de colheita 2009/10				

30	5.0eB	6,9dB	19.9eA	4.5cAB	8.3fA	2,6 mil milhões de euros
45	253,5deB	1276,5cdA	966.5cA	95.0 c	102,5ef	379.5ab
60	1287,5cdB	3175.0bA	3030bA	168.5bcB	377.5d-fAB	597.5aA
75	3471.5bB	4550.5aA	4387.5aA	670.0a-c	800.0a-c	625.0a
90	4784.5aA	4471.5aA	2950.0bB	962.5a	1032.5a	610.0a
105	4059.5ab A	2346.5bB	925.0cdC	1037.5aA	887.5abA	397.5aB
120	2100.0cA	650,0cdB	200.0c-eB	912.5abA	567.5b-dAB	337.5abB
135	712.5de	262.5d	96.5e	512.5a-c	457.5c-e	372.5ab
150	187,5de	132.5d	130,5de	392.5a-c	320.0d-f	335.0ab
		Época de colheita 2010/11				
30	2.1dC	5.9eA	4.3fB	2.8cB	7.9cA	4.8dAB
45	81.0d	132.0de	90.0f	92.0c	161.5a-c	92.0a-c
60	154.5d	227,5de	147,5ef	157.5c	239.5a-c	133.0a
75	208.0d	356.5de	385.5d-f	193.5c	413.5a	83.5a-c
90	844.0cd	926.0cd	1086.0c-e	781.5abA	324.0abB	74.0bcB
105	1648.5bc	2292.0ab	2285.5ab	908.0aA	93,0bcB	103.5abB
120	2517.0ab	2973.0a	2562.5a	264.0bc	82.5bc	70.0bc
135	2914.5aA	2327.0aAB	1791.5a-cB	92.0c	63.5bc	55.5b-d
150	2103.5ab	1504.5bc	1352.5b-d	85.0c	41.5bc	37.0cd

Épocas de sementeira para *Wondata*: Precoce = 19 de setembro; Média = 5 de outubro e Tardia = 20 de outubro

Médias dentro de uma coluna (dentro de uma estação) seguidas pela(s) mesma(s) letra(s) minúscula(s) e aquelas dentro de uma linha seguidas pela(s) mesma(s) letra(s) maiúscula(s) não são significativamente diferentes de acordo com Tukey HSD ($P<0,05$). * * Dias após a emergência da cultura (DAE)

5. 3. 4. Percentagem de danos na ervilha devido à infestação de afídeos da ervilha

Na ANOVA combinada sobre locais, épocas de cultivo, tratamentos com inseticida e épocas de sementeira, a % de danos variou significativamente ($F_{23,48}$ =11,36, P<0,0001). A variação entre o local, o tratamento com inseticida e o local*aplicação de inseticida mostrou diferenças altamente significativas a alfa 0,05 e P<0,0001. A variação da época de cultivo, época de cultivo*localização, época de cultivo*tempo de sementeira e localização*tempo de sementeira apresentou diferenças significativas a alfa 0,05 e p = 0,0040 - 0,0099. As restantes variações estimadas das variáveis não apresentaram diferenças significativas (Anexo 6).

Em ambas as épocas de cultivo em *Wondata*, a percentagem de danos nas culturas das parcelas não pulverizadas no início e a meio da sementeira foi significativamente superior à das parcelas pulverizadas nas mesmas épocas de sementeira. No entanto, a percentagem de danos na sementeira tardia durante todas as épocas de cultivo não foi significativamente diferente, mas as parcelas não pulverizadas tiveram danos mais elevados do que as parcelas pulverizadas entre 5 e 15% (Quadro 5.5).

Tabela 5. 4: Dias de pulgão da ervilha em diferentes fases de crescimento da cultura com influência das épocas de cultivo, tratamentos insecticidas e épocas de sementeira em *Woreta* (2009/10 e 2010/11)

Datas de amostragem **	**Sem proteção**			**Protegido**		
	Cedo	**Médio**	**Tarde**	**Cedo**	**Médio**	**Tarde**
			Época de colheita 2009/10			
30	1.13c	2.0cd	8.7c	1,13dB	2.7cB	14,0dA
45	28.5cB	72,5dB	150.0bcA	31,0cdB	101.5cAB	212,5cdA
60	110.0bcB	135,0cdB	237.5bcA	112,5cd	196.5bc	122,5cd
75	215.0bc	207,5cd	327.5bc	190.0cA	147.5cAB	75,0cdB
90	197.5bc	292.5b-d	252.5bc	125.0cd	112.5c	125.0cd
105	175.5bc	370.0a-d	184.0bc	92,5cd	215.0bc	316.5bc
120	33.5b	612.5ab	536.5ab	102,5cdB	510.0abA	619.0aA
135	630.0a	740.0a	817.5a	372.5bB	767.5aA	557.5abAB
150	762.5a	477.5a-c	505.0ab	605.0aA	580.0aA	190,0cdB
			Época de colheita 2010/11			
30	0,0eB	1,6dA	0,4cAB	0.0b	0.0c	0.0d
45	0,0eB	32,5dA	24.0cA	4.0bB	5.0bB	19,5cdA
60	8,5eB	48.5dAB	100,5cA	40.0ab	28.5a-c	28.5b-d
75	61.0deB	126.5dAB	262.0cA	64.5a	36.0ab	43.0bc
90	299,5deB	337,5cdB	823.5bA	49.5ab	36.0ab	61.0ab
105	620,5cdB	885.5bcAB	1466.0aA	39.0abB	59.5aAB	96.5aA
120	1224.5bAB	1696.0aA	900.5bB	48.0ab	56.5a	90.5a
135	1807.0aA	1089.0bB	93.5cC	45.0ab	27.5a-c	31.0b-d

150	1003.0bcA	52,0dB	32.0cB	34.5ab	10.0bc	18,5cd

Épocas de sementeira para *Woreta*: Precoce = 21 de setembro; Média = 7 de outubro e Tardia = 22 de outubro

Meios dentro de uma coluna (dentro de uma época) seguidos da(s) mesma(s) letra(s) minúscula(s) e os dentro de

uma linha seguida pela(s) mesma(s) letra(s) maiúscula(s) não são significativamente diferentes de acordo com Tukey HSD ($P<0{,}05$). * * Dias após a emergência da cultura (DAE)

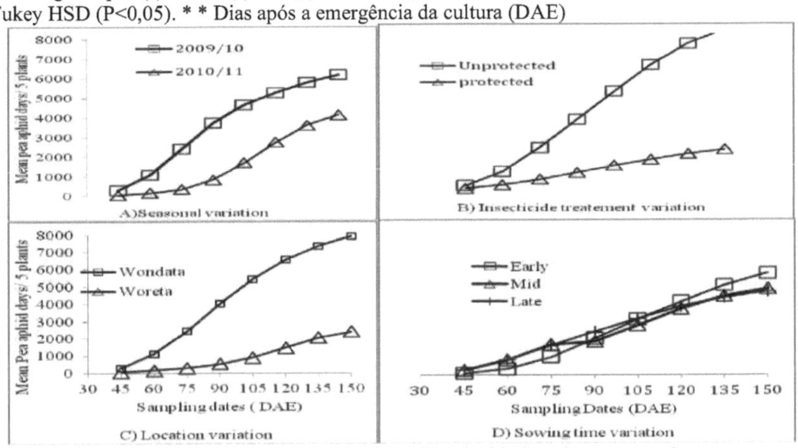

Figura 5.3: Flutuação do padrão de dias do pulgão da ervilha devido à variação sazonal, tratamento inseticida, localização e época de sementeira (A, B, C e D).

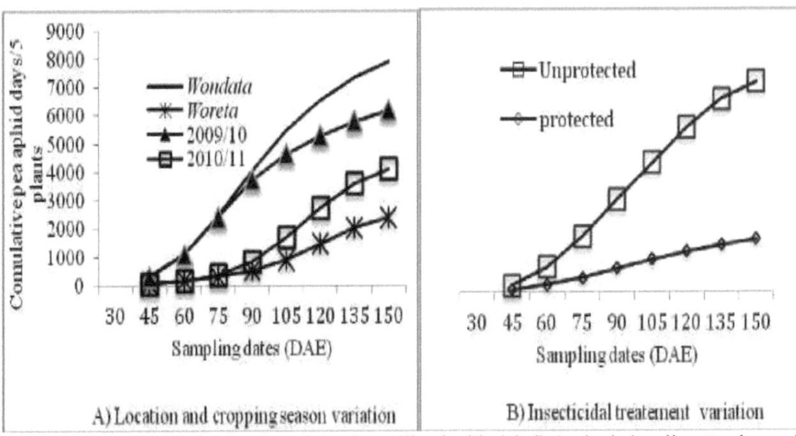

Figura 5.4: Padrão cumulativo de dias de pulgão da ervilha devido à influência da localização, época de cultivo e tratamento inseticida (A e B)

Em *Woreta*, a % de danos das parcelas não pulverizadas em 2009/10 foi mais elevada do que a das parcelas não pulverizadas (5 - 9,7%), não houve diferença significativa entre os tratamentos e os seus efeitos de interação. Em 2010/11, a % de danos nas culturas de parcelas não pulverizadas a meio da sementeira foi significativamente superior à das parcelas pulverizadas em 6,6%, mas as épocas de sementeira precoce e tardia não mostraram diferenças significativas entre parcelas não pulverizadas e pulverizadas (Quadro 5.5).

Quadro 5.5: Danos na cultura da ervilha (%) devido à infestação de afídeos da ervilha em função dos locais, das épocas de cultivo, do tratamento inseticida e das épocas de sementeira

Datas de sementeira	Época de colheita 2009/10			Época de colheita 2010/11	
	Não protegido	**Protegido**		**Não protegido**	**Protegido**
			Wondata		
Cedo	41.7A	16.0B		40.0A	20.0bB
Médio	45.0A	16.7B		53.3A	16.7bB
Tarde	36.7	21.7		53.3	48.3a
			Woreta		
Cedo	11.7b	20.0		18.3	16.7
Médio	26.7a	20.0		18.3A	11.7B
Tarde	13.3a	8.3		20.0	15.0

Época de sementeira da *Woreta*: Precoce = 21 de setembro; Média = 7 de outubro e Tardia = 22 de outubro
As médias dentro de uma coluna (dentro de uma estação) seguidas pela(s) mesma(s) letra(s) minúscula(s) e as médias dentro de uma linha seguidas pela(s) mesma(s) letra(s) maiúscula(s) não são significativamente diferentes de acordo com Tukey HSD (P<0,05).

5. 3. 5. Efeito da variação dos locais, das épocas de cultivo, dos tratamentos insecticidas e das épocas de sementeira na biomassa da ervilha forrageira e no rendimento de grãos

a) Efeito na biomassa

A ANOVA combinada sobre locais, épocas de cultivo, tratamentos insecticidas e épocas de sementeira, a biomassa de ervilha (Qt/ha) variou significativamente ($F_{23,48}$ = 7,56, P<0,0001). A variação do local, do tratamento inseticida e da época de cultivo *época de sementeira apresentou uma diferença muito significativa com o peso da biomassa. Localização*tratamento com inseticida, localização*época de sementeira e tratamento com inseticida*época de sementeira apresentaram diferenças significativas com alfa = 0,05 e p= 0,0077 - 0,0090. Os restantes parâmetros testados não apresentaram diferenças significativas (Anexo 7).

Em ambos os locais de estudo e épocas de cultivo, a biomassa das parcelas pulverizadas foi maior do que a das parcelas não pulverizadas. Em *Wondata*, as parcelas pulverizadas a meio da sementeira foram significativamente superiores às não pulverizadas em ambas as épocas de cultivo. Da mesma forma, as parcelas pulverizadas no início da sementeira foram significativamente mais altas do que as não pulverizadas. Embora as parcelas pulverizadas de sementeira tardia em *Wondata* e todas as épocas de sementeira em *Woreta,* em todas as épocas de cultivo, não tenham sido significativamente diferentes das parcelas não pulverizadas, todas as parcelas pulverizadas foram superiores às parcelas não pulverizadas (Quadro 5. 6).

Em *Wondata*, a perda de rendimento de biomassa devido à infestação de pulgões da ervilha em 2009/10 e 2010/11 foi de 28,91 - 47,19% e 15,42 - 59,83%, respetivamente. Numa tendência semelhante, a perda de rendimento de biomassa em *Woreta* em 2009/10 e 2010/11 foi de 5,3 - 23,86% e 13,04 - 26,5%, respetivamente. Em ambos os locais de estudo e épocas de cultivo, a perda de rendimento de biomassa incorrida a meio da sementeira foi muito elevada, enquanto que em *Wondata a sementeira* tardia causou uma menor percentagem de perda de rendimento e em *Woreta a sementeira* precoce causou uma menor perda de rendimento de biomassa (Quadro 5. 6).

b) **Efeito no rendimento do grão**

A ANOVA combinada sobre locais, épocas de cultivo, tratamentos insecticidas e épocas de sementeira, o rendimento de grãos de ervilha (kg/ha) variou significativamente ($F_{23,48}$ = 8,84, P<0,0001). A localização, o ano * localização, o tratamento inseticida, a época de sementeira e a variação localização*época de sementeira apresentaram diferenças altamente significativas com o rendimento de grãos. O resto dos parâmetros testados e a sua interação não mostraram diferenças significativas (Anexo 8).

Em geral, o rendimento de grãos em *Woreta* mostrou uma diferença altamente significativa do que em *Wondata*. Em ambos os locais de estudo, o rendimento de grãos nas parcelas pulverizadas foi significativamente maior do que nas parcelas não pulverizadas. O rendimento de grãos em *Woreta* foi maior em 2009/10 do que em 2010/11. No mesmo local, o rendimento de grãos em parcelas pulverizadas não foi significativamente diferente do não pulverizado, exceto no início e no meio da sementeira em 2010/11, mas a diferença de tempo de sementeira com a época de cultivo não tem diferença significativa em ambos os locais, exceto em 2010/11 em *Wondata*. .

Em *Wondata,* o rendimento de grãos registado em ambas as épocas de cultivo das parcelas pulverizadas foi significativamente superior ao das parcelas não pulverizadas, exceto na sementeira tardia de 2010/11. O rendimento em 2010/11 mostrou uma diferença altamente significativa entre as épocas de sementeira, mas não em 2009/10 (Tabela 5. 6).

Quadro 5. 6: Efeito dos danos do afídeo da ervilha na biomassa da ervilha (Qt/ha) influenciado pelas localizações, épocas de cultivo, épocas de sementeira e tratamentos insecticidas em *Wondata* e *Woreta*

Épocas de sementeira	Época de colheita 2009/10			Época de colheita 2010/11		
	Não pulverizado	Pulverizado	Rendimento (%)	perda Não pulverizado	Pulverizado	Perda de rendimento (%)
			Wondata			
Cedo	24.1B	40.3A	40.2	27.0a	37.7ab	28.4
Médio	21.6B	40.9A	47.2	19.0bB	47.3aA	59.8
Tarde	27.3	38.4	28.9	20.3a	24.0b	15.4
			Woreta			
Cedo	55.7a	58.5a	5.3	40.0	46.0	13.0

Médio	30.0b	39.4b	23.9	38.0	51.7	26.5
Tarde	51.3a	63.5a	19.2	35.0	45.3	22.7

Época de sementeira da *Wondata*: Precoce = 19 de setembro; Média = 5 de outubro e Tardia = 20 de outubro
Época de sementeira para *Woreta*: Precoce = 21 de setembro; MId = 7 de outubro e Tardia = 22 de outubro
As médias dentro de uma coluna (dentro de uma estação) seguidas pela(s) mesma(s) letra(s) minúscula(s) e as médias dentro de uma linha seguidas pela(s) mesma(s) letra(s) maiúscula(s) não são significativamente diferentes de acordo com Tukey HSD (P<0,05);

Quadro 5.7: Efeito dos danos do afídeo da ervilha no rendimento de grãos de ervilha (kg/ha) influenciado pelos locais, épocas de cultivo, épocas de sementeira e tratamentos insecticidas em Wondata *e* Woreta.

Épocas de sementeira	Época de colheita 2009/10			Época de colheita 2010/11		
	Não pulverizado	Pulverizado	Perda de rendimento (%)	Não pulverizado	Pulverizado	Perda de rendimento (%)
Wondata						
Cedo	165.9B	572.7A	71.0	345.4aB	1273.9aA	72.9
Médio	40.2B	655.7A	93.9	102.2bB	649.9bA	84.3
Tarde	54.7B	352.8A	84.5	127.9ab	169.3b	24.5
Woreta						
Cedo	1347.7	1606.5	16.1	716.3B	1424.4A	49.7
Médio	807.7	1061.9	23.9	387.6B	1263.8A	69.3
Tarde	1554.2	1629.1	4.6	1137.1	1408.2	19.3

Época de sementeira da *Wondata*: Precoce = 19 de setembro; Média = 5 de outubro e Tardia = 20 de outubro
Época de sementeira para *Woreta*: Precoce = 21 de setembro; MId = 7 de outubro e Tardia = 22 de outubro
As médias dentro de uma coluna (dentro de uma estação) seguidas pela(s) mesma(s) letra(s) minúscula(s) e as médias dentro de uma linha seguidas pela(s) mesma(s) letra(s) maiúscula(s) não são significativamente diferentes de acordo com Tukey HSD (P<0,05);

Em *Wondata,* a perda de rendimento de grãos devido à infestação de pulgões da ervilha nas épocas de cultivo de 2009/10 e 2010/11 variou de 71,03 - 93,87% e 24,45 - 84,27%, respetivamente. Da mesma forma, a perda de rendimento de grãos em *Woreta* em 2009/10 e 2010/11 foi de 4,6 - 23,94% e 19,25 - 69,33%, respetivamente. Em ambos os locais de estudo e épocas de cultivo, a perda de rendimento de grãos incorrida no meio da sementeira foi muito maior do que nas épocas de sementeira precoce e tardia, enquanto que a sementeira tardia causou uma menor percentagem de perda de rendimento (Tabela 5.7). Este resultado está de acordo com alguns dos relatórios de estudos anteriores, segundo os quais a perda de rendimento causada pelo pulgão da ervilha na ervilha forrageira e na ervilha forrageira pode atingir 37 - 100%, dependendo do local e das condições climatéricas (Melaku, 2004 e 2002 e Tadesse, 1990).

3.6. Relações entre as variáveis dependentes e independentes

A população do pulgão da ervilha e os dias de pulgão da ervilha tiveram uma relação direta significativa com a % média de danos na cultura ($Y= 0,02x + 12,07$, $R^2 =0,702$, $P<0,001$), como indicado na Figura 5. 5.

Os dias de pulgão da ervilha foram significativamente inversos em relação à produção de biomassa ($F_{1, 22} =96.5$, $R^2 = 0.47$, $P<0.0001$) com a equação de regressão de $Y = - 0.014x + 45.89$ (Figura 5. 6 e 5.7). Por outro lado, o rendimento de grãos foi significativamente relacionado diretamente com o rendimento de biomassa (F1, 22=38,5, $R^2 =0,64$, $P<0,0001$) com equação de regressão de $Y = 33,3x - 496,3$ (Figura 5.6 e 5.7). No entanto, o rendimento de grãos de ervilha e o peso de 100 sementes não têm uma associação forte (F1, 22 = 4,56, $R^2 = 0,17$, $P>0,05$ e $Y= -0,001x +9,68$). A maior parte dos modelos acima referidos estão de acordo com os de Aheer *et al.* (1993), que encontraram uma associação positiva entre a densidade do afídeo da ervilha e a relação entre a biomassa e o rendimento de grãos e uma correlação negativa entre a relação entre o afídeo da ervilha e os danos na cultura da ervilha, a biomassa e o rendimento de grãos por hectare e a densidade do afídeo da ervilha. Melaku (2004) também verificou uma correlação negativa da população de afídeos, indicando os danos óbvios infligidos por números elevados de afídeos.

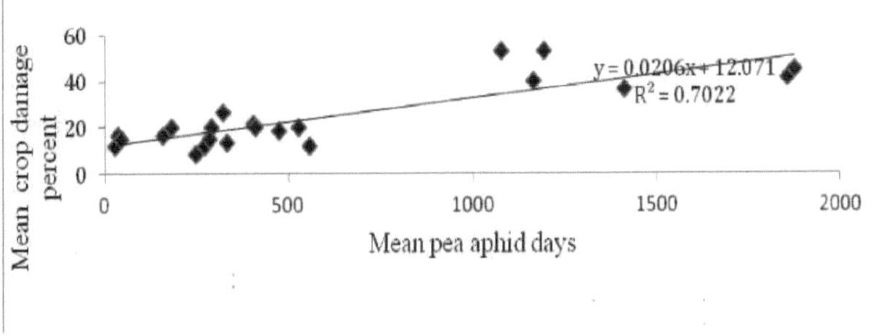

Figura 5. 5 Relação entre a média de dias/planta do pulgão da ervilha e a percentagem de danos na cultura (épocas de colheita 2009/10 e 2010/11)

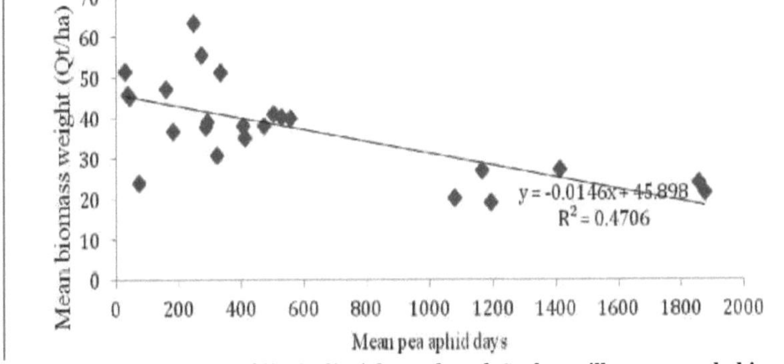

Figura 5.6: Relação entre a média de dias/planta do pulgão da ervilha e o peso da biomassa (épocas de cultivo 2009/10 e 2010/11)

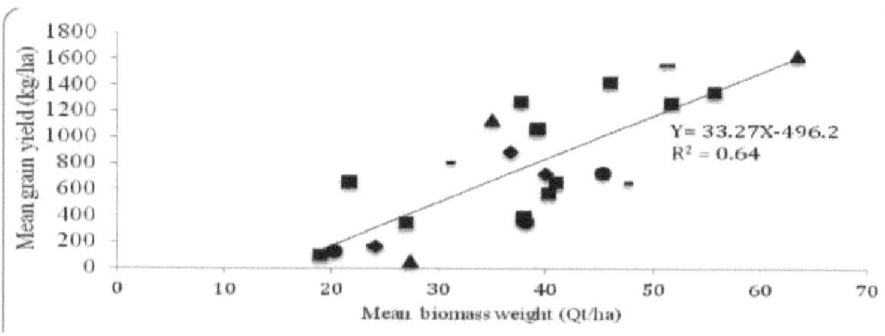

Figura 5. /. Relação entre o peso médio da biomassa e o rendimento de grãos (épocas de colheita de 2009/10 e 2010/11)

5. 4. Conclusões

O número de pulgões da ervilha/planta, os dias de pulgão da ervilha e os dias acumulados variaram consoante os locais, as épocas de cultivo, os tratamentos insecticidas, as épocas de sementeira em todas as datas de amostragem (de 30 a 150 dias após a emergência da cultura). Embora a densidade varie consoante os locais e as épocas de cultivo, nas primeiras e últimas fases da cultura, a densidade do afídeo da ervilha é mais baixa. No entanto, dependendo dos locais, das épocas de cultivo e de outros factores climáticos, nas fases de crescimento da cultura entre 75 e 120 DAE, registou-se a maior densidade de pulgões da ervilha. Os maiores picos populacionais foram registados em *Wondata*, na época agrícola de 2009/10, na fase de 75 DAE, em parcelas não pulverizadas, e em *Woreta*, em 2010/11, em parcelas não pulverizadas.

Tanto em *Wondata* como em *Woreta*, a densidade do afídeo da ervilha e os danos causados às culturas (%), bem como a biomassa e o rendimento de grãos, apresentaram uma relação significativa. Por outro lado, a densidade do pulgão da ervilha e os danos causados às culturas (%) apresentaram uma relação inversamente significativa com a biomassa da ervilha e o rendimento de grãos.

Estes resultados experimentais indicaram que vários factores ambientais, como a localização e a época de cultivo, que causam flutuações de temperatura mínima e máxima, precipitação, humidade relativa, velocidade e direção do vento, e intervenções de gestão, como o tratamento inseticida e a variação das datas de sementeira, causam a densidade do afídeo da ervilha, os danos nas culturas (%), bem como a biomassa e o rendimento dos grãos. Por conseguinte, uma compreensão aprofundada dos factores ambientais e das várias intervenções de gestão das culturas é útil para a tomada de decisões informadas sobre a gestão do afídeo da ervilha e a melhoria do rendimento das culturas.

Resumo e conclusões

O pulgão da ervilha, *A. pisum,* é um inseto praga importante em diferentes leguminosas alimentares de estação fria cultivadas na Etiópia. Atualmente, é também considerado um dos principais insectos pragas da ervilha forrageira, da lentilha e da ervilha forrageira em toda a Etiópia. As perdas de rendimento causadas pelo afídeo da ervilha na ervilha forrageira e na ervilha forrageira podem atingir 37 a 100% em algumas zonas. Por esta razão, a determinação da preferência e do desempenho, a identificação das fases de crescimento susceptíveis de várias variedades de culturas de leguminosas, os padrões de voo e a monitorização no terreno, a dinâmica sazonal e a reação de vários genótipos de ervilha foram avaliados em relação ao desempenho e aos danos do pulgão da ervilha.

De um modo geral, o resultado da investigação resume-se ao indicado abaixo;

- o Todas as espécies e variedades de culturas foram colonizadas pelo pulgão da ervilha. No entanto, foram observadas variações na taxa de crescimento dos afídeos, na sua colonização, preferências e desempenho.
- As durações dos afídeos da ervilha necessárias para infestar as variedades de fava testadas após a exposição variaram entre 4 e 6 dias em testes de escolha múltipla e 5 e 11 dias em testes de escolha dupla. No entanto, outros infestam em um dia
- A preferência e o desempenho do afídeo da ervilha nos testes de dupla escolha variaram consoante a combinação de escolhas alternativas.
- A infestação de pulgões da ervilha no estádio de crescimento tardio da cultura (50 PS) mostrou um número elevado de ápteros e alados do que a infestação no estádio de crescimento inicial da cultura (6-LS).
- O número de vagens totais e cheias e o peso da biomassa das variedades de ervilha e lentilha infestadas a 50 PS foram significativamente mais elevados do que nas fases anteriores de infestação (50 FS e 6 - LS). Mas as perdas de vagens e de biomassa foram muito mais elevadas quando as infestações foram efectuadas na fase inicial de crescimento (6-LS) do que na fase final de crescimento (50 PS).

Pulgão da ervilha

- Os voos começam por volta do final de setembro e terminam em meados de março em *Wondata e no* final de abril em *Woreta.*
- O padrão de voo variou ao longo da estação e do local, dependendo dos factores climáticos e da alteração das fases de crescimento das culturas.
- A densidade é significativamente mais elevada na prática agrícola após o pousio, seguida pela prática após o teff, milho sob sementeira em *Wondata* e após o pousio, teff e arroz em *Woreta.*
- O número de afídeos da ervilha/planta, os dias individuais e cumulativos de afídeos da ervilha variaram consoante o local, a estação, o tratamento inseticida, a época de sementeira e as fases de crescimento da cultura

Com base nos resultados da investigação atual, destacam-se as seguintes recomendações e prioridades de investigação futuras.

- Uma vez que o pulgão da ervilha é a principal praga das leguminosas alimentares de estação fria (ervilha forrageira, lentilha, ervilha forrageira e fava) na Etiópia, deve ser dada atenção à extensão e formação para apoiar os agricultores na redução do problema da infestação de pulgão da ervilha nas suas culturas através da gestão integrada das pragas.
- A preferência e o desempenho do pulgão da ervilha variam consoante a variedade e a fase de crescimento da cultura, pelo que as práticas de gestão do pulgão da ervilha devem ser concebidas em conformidade.
- As variedades de ervilha, ervilha forrageira e lentilha foram os hospedeiros mais preferidos e adequados para o pulgão da ervilha. Estas variedades de culturas podem ser utilizadas para a criação em massa do pulgão da ervilha em estufa ou em condições laboratoriais para outras experiências.
- A preferência do pulgão da ervilha e o seu desempenho em testes de escolha dupla e múltipla tornam-se muito importantes para compreender o comportamento do pulgão da ervilha e a capacidade de resistência das variedades de culturas contra o pulgão da ervilha em testes de escolha simples, dupla e múltipla. Este

comportamento condicional dos caracteres do afídeo da ervilha e das plantas hospedeiras deve ser verificado através de investigação avançada em laboratório (estudo da ecologia química destas pragas através do isolamento dos metabolitos secundários que favorecem/desfavorecem o afídeo da ervilha e a nível molecular) e de investigação no terreno.

- A taxa de crescimento dos afídeos da ervilha varia consoante a espécie de planta hospedeira, a fase de crescimento da planta hospedeira, a época de cultivo e a localização. Devem ser efectuados mais estudos avançados para compreender melhor a razão da variação da taxa de crescimento do afídeo da ervilha.
- Os estudos sobre a fase crítica de infestação do afídeo da ervilha devem ser confirmados em experiências no terreno e em várias variedades de culturas hospedeiras.
- O estudo do padrão de voo do pulgão da ervilha é muito útil para detetar a época de pico da população de pulgões da ervilha e a modificação dos adultos em formas aladas para migrarem dos hospedeiros de oviposição dos seus pais para outros hospedeiros em busca de alimentos para a sua sobrevivência.
- A armadilha de água amarela não é o único método. É aconselhável avaliar diferentes tipos de armadilhas utilizadas para monitorizar o afídeo da ervilha e compreender melhor o padrão de voo dos afídeos da ervilha em vários locais e estações. Mas o tipo de armadilha que pode ser utilizado para uma melhor recolha de afídeos da ervilha deve ser mais bem avaliado.
- A monitorização do afídeo da ervilha em diferentes práticas agrícolas, locais, épocas de cultivo e fases de crescimento das culturas tornou-se muito importante para compreender a densidade da população da praga e o efeito prejudicial resultante nas culturas, a fim de conceber estratégias adequadas de gestão do afídeo da ervilha.
- Durante a monitorização do afídeo da ervilha em várias condições agrícolas, torna-se muito importante compreender a dinâmica dos inimigos naturais, o desempenho das culturas, a densidade das plantas, a presença e ausência de vários tipos de ervas daninhas como hospedeiros alternativos e a época de plantação.
- Em comparação com a parcela não tratada, o tratamento da ervilha com Dimetoato 50% E.C. revelou-se eficaz na diminuição da população de afídeos da ervilha, bem como no aumento da biomassa e do rendimento de grãos. É necessária investigação sobre a determinação da seleção de insecticidas, estudos sobre a taxa e a frequência de aplicação para uma utilização rentável e segura dos insecticidas.
- Variação de factores ambientais, como a localização e a época de cultivo, que causam variabilidade nos valores mínimos e máximos

  A temperatura, a precipitação, a humidade relativa, a velocidade e a direção do vento e as intervenções de gestão, como o tratamento inseticida e as datas de sementeira, provocam a densidade do afídeo da ervilha, os danos nas culturas (%), bem como a biomassa e o rendimento dos grãos. É importante compreender em profundidade os factores ambientais, a fim de conceber opções de intervenção adequadas de gestão das culturas para suprimir a população de afídeos da ervilha e aumentar o rendimento das culturas.
- Dado que as flutuações da população do afídeo da ervilha se devem à variabilidade do local, da época de cultivo, dos genótipos das culturas, das fases de crescimento das culturas, das intervenções de gestão, das condições meteorológicas e outras, deve ser efectuado um estudo holístico da praga e da planta hospedeira, da biologia, da reprodução, do carácter e das condições ambientais do local/época.
- A ervilha local é a variedade de cultura mais suscetível em todos os locais, épocas de cultivo e fases de crescimento da cultura. Deve ser feita mais investigação sobre a reação do germoplasma de ervilha contra o pulgão da ervilha e as variedades devem ser identificadas como tolerantes, resistentes ou susceptíveis.

Referências

AARC. 2002a. Resumo dos resultados da investigação de 1987 a 2001. Bahir Dar, Etiópia. 172p.

AARC. 2002b. Agricultural progress report for the period 2000/01 Bahir Dar, Ethiopia. 257p.

Abraham Tadesse (ed) 2008. Increasing crop production through improved plant protection.Vol. I. proceedings of the 14th annual conference of the plant protection society of Ethiopia (CPSE). 19 -22 de dezembro de 2006. Adis Abeba, Etiópia. 598p.

Agele, S.O., Ofuya, T.I. e James, P.O. 2006. Efeitos dos regimes de rega na infestação de afídeos e no desempenho de variedades seleccionadas de ervilha-de-corda (*Vigna unguiculata* L.) na zona de floresta húmida da Nigéria. *Crop Prot.* 25: 73 - 78.

Asfaw Tilaye, Geletu Bejiga e Alem Berehie. 1994. Role of cool season food legumes and their production constraints in Ethiopian Agriculture, pp. 3-8. Em Cool season food legumes of Ethiopia. *Actas da primeira: Conferência nacional de revisão das leguminosas alimentares de estação fria, de* 16 a 20 de dezembro de 1993. Addis Abeba, Etiópia (Ed. Por Asfaw Tilaye, Geletu Bejiga, Saxena, M.C. e Solh, M.B.). ICARDA/IAR. ICARDA, Aleppo, Síria.

Atanassova, P., Brookes, C.P., Loxale, H.D. e Powell, W. 1998. Estudo electroforético de cinco espécies de parasitóides de afídeos do género *Aphidius* (Hymenoptera: Braconidae), incluindo provas de populações simpátricas reprodutivamente isoladas e de uma espécie críptica. *Bull. Ento. Res.*88:3-13.

Atiri, G. I., Ekpo, E.J.A. e Thottappilly G.1984. The effect of aphid-resistance in cowpea on infestation and development of *Aphis craccivora* and the transmission of cowpea aphid-borne mosaic virus. *Ann. App. Bio.* 104: 339-346.

Auclair, J.L. 1965. Feeding and Nutrition of the Pea Aphid, *Acyrthosiphon pisum* (Homoptera: Aphidae), on Chemically Defined Diets of Various pH and Nutrient Levels. *Annals Ent. Soc. America.* 58(6): 855-875.

Autrique, A., Stary, P. e Ntahimpera, L. 1989. Biological control of pest aphids by hymenopterous parasitoids in Burundi. *FAO Pl. Prot. Bull.* (FAO) 37(2): 71-76.

Gabinete de Agricultura *do distrito de Bahir Dar Zuria.* 2009. Relatório anual de desempenho da produção. *Bahir Dar.* 25p.

. 2008. Relatório anual de desempenho da produção. *Bahir* Dar. 20p.

. 2007. Relatório anual de desempenho da produção. *Bahir Dar.*21p.

Barlow, C.A., Randolph, P.A. e Randolph, J.C. 1977. Effects of pea aphids, *Acyrthosiphon pisum* (Homoptera: Aphididae), on growth and productivity of pea plants, *Pisum sativum. Can. Ento.* 109: 1491-1502.

Barnett, O.W. e Diachun, S. 1986. Virus diseases of clovers: Etiologia e perdas de colheitas, pp. 625-675. *In:* Viruses infecting forage legumes. Edwardson, J.R. e Christie, R.G. (eds.). Monografia 14, Florida Agricultural Experiment Station, Gainesville.

Bhatnagar, A.1996. Eficácia e economia de alguns insecticidas e de uma formulação de neem na incidência do pulgão da ervilha, *Acyrthosiphon pisum,* na ervilha, *Pisum sativum. Anna. Pl. Prot. Sci.* 4(2): 131-133.

Birch, N. e Wratten, S.D. 1984. Padrões de resistência a afídeos no género *Vicia. Anna. App. Bio.*104: 327-338.

Birdlife International. 2012. Perfil do ecossistema: Hotspot de biodiversidade da África Oriental de Montana. Fundo de Parceria para o Ecossistema. 280p.

Blackman, R.L. e Eastop, V.F. 2007. Os afídeos como pragas das culturas: Taxonomic issues. Helmut, F e Richard, H (ed.). *CABI.*

Blackman, R.L. e Eastop, V.F. 2000. Aphids on the World's Crops: An Identification and information Guide, 2nd Edition. Pp. 9-15.

Bodenheimer, B. e Swirski, R.1957. The Aphidoidea of the Middle East. Weismann Science Press, Jerusalém, 378p.

Cagan, L e Berta, M. 2001. Dinâmica sazonal e infeção entomophthoraleana do pulgão da ervilha, *Acyrthosiphon pisum (*Harris). *Plant Protect. Sce.* 37: 17- 24.

Campbell, C. G. 1997. Grass pea, *Lathyrus sativus* L. Promoting the conservation and use of underutilized and neglected crops; No. 18. Institute of Plant Genetics and Crop Plant Research, Gatersleben/ International Plant Genetic Research Institute, Roma, Itália; 91p.

Campbell, A. 1973. Mudanças sazonais na abundância do pulgão da ervilha e seus parasitas associados no interior sul da Colúmbia Britânica. Uma dissertação apresentada em cumprimento parcial dos requisitos para o grau de doutor em Filosofia. Universidade Simon Fraser. PP. 303.

Clement, S. L.2006. Surtos de pulgões da ervilha e epidemias de vírus em ervilhas no noroeste do Pacífico dos EUA: Histories, Mysteries, and Challenges. *Rede de Gestão de Plantas*. Online. Plant Health Progress doi: 10.1094/PHP-2006- 1018-01-RV.

Cooke, W. C. 1963. Ecologia do pulgão da ervilha na área de Blue Mountain, no leste de Washington e Oregon. *Dep. Agr. Técnico dos EUA. Bull. 1287:1- 48.*

Craig, T.P. e Itami, J.K. 2007. Evolução das relações de preferência e desempenho. Speciation, Specialization and Radiation: The Evolutionary Biology of Herbivorous Insects (ed. por Tilmon, K.J.). Pp. 20-28. University of California Press, Berkeley, CA, EUA.

Craig, T.P. e Ohgushi, T. 2002. Preference and performance are correlated in the spittlebug *Aphrophora pectoralis* on four species of willow. *J. Ecol. Ento.* 27: 529-540.

Craig, T.P.; Itami J.K. e Price P.W. 1989. Uma forte relação entre a preferência de oviposição e o desempenho larvar numa mosca-das-serras. *J. Ecol.*70: 1691-1699.

Crowe, T.J. e Kemal Ali. 1983. A checklist of aphids recorded from Ethiopia (Homoptera: Aphididae). *IAR Entomol. Bull.* No. 3. 2nd edition. Addis Abeba. 9p.

Crowe, T.J, Tadesse Gebremedhin e Tsedeke Abate. 1977. An annotated list of insect pests of field crops in Ethiopia. IAR, Etiópia.57p.

CSA. 2012. Inquérito por amostragem agrícola 2011/12, Relatório sobre a produção vegetal em superfície. Vol. 1. Autoridade Central de Estatística, Etiópia. 126p.

CSA. 2007. Inquérito por amostragem agrícola 2006/2007. Relatório sobre a superfície e a produção das culturas Vol. I. Autoridade Central de Estatística, Etiópia. 102p.

CSA. 1987. Séries cronológicas de dados sobre a superfície, a produção e o rendimento das principais culturas. 1978/80- 1985/86. Estatísticas. Bula. 56. Autoridade Central de Estatística (CSA*)*, Adis Abeba, Etiópia. 115p.

Davidson, R.H. e Lyon, W.F. 1987. Insect pests of farm, garden and orchard. John Wiley and Sons, Nova Iorque. 213p.

Dawit Tsegaye, Wuletau Tadesse e Muluken Bayable. 2005. Desempenho de clones de soma de ervilha forrageira (*Lathyrus sativus* L.) em Adet, noroeste da Etiópia. *Lathyrus Lathyrism* Newsletter. 4: 5-6.

Del Campo M.L., Via S. e Caillaud M.C., 2003. Reconhecimento de estimulantes químicos específicos do hospedeiro em duas raças hospedeiras simpátricas do pulgão da ervilha *Acyrthosiphon pisum. Ecol. Ento.* 28: 405-412.

Dixon A.F.G. 1998. Aphid Ecology: An Optimization Approach, 2nd Ed. Chapman and Hall, Nova Iorque. 487p.

Dixon, A.F.G. 1987. Reprodução partenogenética e o papel do aumento nos afídeos. *In: World Crop Pests.* Afídeos - sua biologia, inimigos naturais e controlo. A. K. Minks & P. Harrewijin (eds.). Vol. 2A, 450p.

Dunn, J. A. e Wright, D. W. 1955. Estudos populacionais do afídeo da ervilha em East Anglia. *Bull. Ento. Res.* 46*:* 369-387.

DZARC (Centro de Investigação Agrícola de Debre Zeit). 2002. Relatório anual para o período 2000 - 2002, Debre Zeit, Etiópia. 125p.

DZARC. 1998. Relatório de progresso da investigação para o ano de 1998, Debre Zeit, Etiópia. 138p.

DZARC. 1987. Relatório de progresso da investigação para o ano de 1987, Debre Zeit, Etiópia. 172p.

Eastop, V.F. 1953. Notes on East African aphids. IV - Afídeos de culturas leguminosas. *East Afr. Agri. J.* 104p.

Ferrari J., Godfray H.C.J., Faulcon bridge, A.S., Prior, K. e Via, S. 2006. Diferenciação populacional e variação genética na escolha do hospedeiro entre afídeos da ervilha de oito géneros de plantas hospedeiras. *Evo.* 60(8): 1574-1584.

Gabinete de Agricultura de Fogera woreda. 2009. Relatório anual de desempenho da produção agrícola, Woreta. 32p.

. 2008. Relatório anual de desempenho da produção agrícola, Woreta. 24p.

. 2007. Relatório anual de desempenho da produção agrícola, Woreta. 22p.

Forbes, A.R. e Frazer, R.D. 1973. The aphids (Homoptera: Aphididae) of British Colombia. I. Um catálogo de plantas hospedeiras. *J. Ento. Soc. British Colombia* 70: 58-68.

Forister M.L. 2004. Oviposition preference and larval performance within a diverging lineage of lycaenid butterflies. *Ecol. Ento.* 29: 264-272.
Gao L., Klingler J.P., Anderson J.P., Edwards O.R., e Singh K.B. 2008. Characterization of Pea Aphid Resistance in *Medicago truncatula (*Caracterização da resistência ao pulgão da ervilha em *Medicago truncatula). Plant Physiology.* 146: 996-1009.
Garcia, M.C., Marina, M.L., Laborda, F. e Torre, M. 1998. Caracterização química de produtos comerciais de soja. *Food Chem* 62: 325-331
Gildow, F. E., Reavy, B., Mayo, M. A., Duncan, G. H., Woodford, J. A.T., Lamb, J. W. e Hay, R. T. 2000. Aquisição por afídeos e transporte celular de partículas *do tipo Potato leaf roll virus* sem a proteína de leitura P5. *Phyto.* 90:1153- 1161.
Gyrisco, G.G. 1958. Insectos forrageiros e seu controlo. *Annu. Rev. Ento.*3: 421- 448.
Jackai, L.E.N. e Daoust R.A. 1986. Insectos pragas do feijão-frade. *Ann. Rev. Ento.* 31: 95-119.
Hanbury, C.D., White, C.L., Mullan, B.P. e Siddique, K.H.M. 2000. A review of the potential of *Lathyrus sativus* L. and *L.cicero* L. seed for use as animal feed, *Ani.Feed Sci. and Tech.* 87: 1-27.
Hardie, J. 1980. A hormona juvenil imita a apterização fotoperiódica da ginopara alada do afídeo *Aphis fabae. Nature,* 286:602-604.
He, X.Z., Wang, Q. e Teulon, D.A.J. 2005. O efeito do parasitismo por *Aphidius ervi no* desenvolvimento e reprodução do pulgão da ervilha, *Acyrthosiphon pisum. Nova Zelândia Pl. Prot.* 58: 202-207.
Hossain, M.D.A., Ferdous, J. e Salim, M.M.R. 2006. Avaliação da abundância relativa e da perda de rendimento do pulgão da lentilha, *Aphis craccivora* Koch, em relação a diferentes datas de sementeira. *J. Agri. and Rural Dev.* 4(1 and 2): 101 - 106
IFPRI. 2010. Potencial da cadeia de valor das leguminosas na Etiópia: Constrangimentos e oportunidades para aumentar as exportações. 54p.
Imiru Assefa 1980. Leguminosas das terras baixas - uma introdução. Ethiopian Grain Review 6(1): 16 -22..
Kaiser, W. J., Ramsey, M. D., Makkouk, K. M., Bretag, T. W., Acikgov, N., Kumar, J., e Nutter, F. W. 2000. Doenças foliares de leguminosas alimentares de estação fria e seu controlo. Pages 437-455 in: Linking Research and Marketing Opportunities for Pulses in the 21st Century. R. Knight, ed. Kluwer Academic, Dordrecht, Países Baixos.
Karungi, J., Adipala, E., Kyamanywa, S., Ogenga - Latigo, W.W. Oyobo, N. e Jackai, L.E.N. 2000. Gestão de pragas no feijão-frade. Parte 2. Integração da época de plantação, densidade de plantas e aplicação de inseticida para a gestão de pragas de insectos no campo de feijão-frade no leste do Uganda. *Crop prot.*19: 237-245.
Kemal Ali. 1999. Dinâmica populacional de *Acyrthosiphon pisum (*Homoptera: Aphididae*)* e dos seus inimigos naturais em *Pisum sativum. PestMgt. J. Eth. 1 - 2: 23 -29.*
Kemal Ali. 1997. Limiar económico do afídeo da ervilha. *Pest Mgt. J. Ethio.* 1(1 e 2): 63-68.
Kemal Ali. 1986. A survey of insect pests associated with faba bean and field pea in Ethiopia. *In:* Projeto do Vale do Nilo (NVP) sobre leguminosas de estação fria (CSFL). *Relatório anual 1985/86.* Etiópia, ICARDA/NVP. 158p.
Kemal Ali, Gemechu Keneni, Seid Ahmed, Rajendra S. M., Beniwal, S. Halila M.H. (eds.). 2006. Food and Forage legumes of Ethiopia: Progress and prospects. Actas do workshop sobre alimentos e leguminosas, 22-26 de setembro de 2003, Adis Abeba, Etiópia. Patrocinadores: EIAR e ICARDA. Centro Internacional de Investigação Agrícola nas zonas áridas (ICARDA), Aleppo, Síria. 351p.
Kemal Ali e Tadesse Gebremedhin. 1990. Pea aphid: An important pest of field pea. IAR. *Newsletter of Agri. Res.* 5(1): 1 - 2.
Kemal Ali e Tibebu Habtewold. 1994. Research on insect pests of cool season food legumes, pp. 367 - 398. In: Cool season food legumes of Ethiopia: *proceedings of the first national cool season food legumes Review conference.* 16 - 20. dezembro de 1993. Addis Ababa, Ethiopia (Ed. By Asfaw Tilaye, Geletu Bejiga, Saxena, M.C. and Solh, M.B.) ICARDA/IAR. ICARDA, Aleppo, Síria.179p.
Kemal Ali, Louw, S.M. e Swart, W.J. 2005. Componentes e mecanismos de resistência em linhas seleccionadas de ervilha de campo ao pulgão da ervilha *Acyrthosiphon pisum* Harris na Etiópia. *Int. J. Trop. Ins. Sci.* 25(2): 114 - 121.
Kennedy, J.S., Day, M.F. e Eastop, V.F. 1962. A conspectus of aphids as vectors of plant viruses. *Com.Wealth Inst. Ento.* Londres, 114p.

Maiteki, G.A. e Lamb, R.J. 1985. Fases de crescimento da ervilha-de-cheiro sensíveis aos danos causados pelo pulgão da ervilha, *Acyrthosiphon pisum* (Homoptera: Aphididae). *J. Econ. Ento.* 78 (6): 1442 -1448.

Maiteki, G.A., Lamb, R. J. e Ali-Khan, T. 1986. Abundância sazonal do pulgão da ervilha, *Acyrthosiphon pisum* (Homoptera: Aphididae), em ervilhas de Manitoba. *Canadian Ento.* 118: 601-607.

Melaku Wale. 2004. Eficácia relativa de alguns produtos botânicos, detergente e querosene no controlo do pulgão da ervilha, *Acyrthosiphon pisum* (Harris) (*Hemiptera: Aphididae*) na ervilha, *Lathyrus sativus. Ins.Sci. App.* 24(2): 143 - 149.

Melaku Wale, Bekele Jembere e Emiru Seyum. 2003. Ocorrência do pulgão da ervilha, *Acyrthosiphon pisum* (Harris) (*Homoptera: Aphididae*) em leguminosas silvestres no oeste de Gojam, Etiópia. SINET: *Ethiopia J. Sci.* 26(1): 83 - 87.

Melaku Wale. 2002. Dinâmica populacional do pulgão da ervilha, *Acyrthosiphon, pisum* (Harris) *(Homoptera: Aphididae)* na ervilha forrageira (*Pisum sativum* L.) no noroeste da Etiópia. *Ins. Sci. Appl.* 22 (2): 131 - 137.

Melaku Wale, Bekele, Jembere e Emiru, Seyum. 2000. Biologia do pulgão da ervilha, *Acyrthosiphon, pisum* (Harris) (*Homoptera: Aphididae*) em leguminosas de estação fria. *Ins. Sci. App.* 20 (3): 171 - 180.

Melaku Wale, Melkamu Ayalew e Fantahun Mengistu. 1998. Investigação sobre pragas de insectos e doenças das culturas arvenses no noroeste da Etiópia. Pp. 89 - 96. 89 - 96. In Agricultural research and technology transfer attempts and achievements in northern Ethiopia (Ed. By Beyene, S. and Abera, D.). *Actas do quarto seminário sobre transferência de geração de tecnologia e análise de lacunas,* 18-21 de março de 1997, Bahir Dar, Etiópia. Organização de Investigação Agrícola da Etiópia, Adis Abeba.

Milne, W.M. 1986. Libertação e estabelecimento de *Aphidius ervi* Haliday (Hymenoptera: Ichneumonidae) em afídeos de luzerna no leste da Austrália. *J. Aust. Ento. Soc.* 25: 123-130.

Morris, J.B. 1997. Recursos genéticos de leguminosas para fins especiais conservados para utilização agrícola, industrial e farmacêutica. *Econ Bot.* 51: 251-263.

Murdie, G. 1969a. Algumas causas da variação de tamanho no pulgão da ervilha, *Acyrthosiphon pisum (*Harris). *Trans. R.Ento. Soc. Lond.* 121: 423-442.

Murdie, G. 1969b. As consequências biológicas da diminuição do tamanho causada por aglomeração ou temperaturas de criação em ápteros do pulgão da ervilha, *Acyrthosiphon pisum (*Harris) *Trans. R. Ento. Soc. Lond.* 121: 443-445.

NAS (Academia Nacional de Ciências). 1994. Biological Nitrogen Fixation (Fixação biológica do azoto). National Academy Press, Washington, DC.112p.

Newman, W. e Pimentel, D.1974. Ervilha de jardim resistente ao pulgão da ervilha. *J. Econ. Ento.* 67: 365-367.

Norris, D. M. e Kogan, M.1980. Bases bioquímicas e morfológicas da resistência. In: F. G. Maxwell and P. R. Jennings [eds.], Breeding plants resistant to insects. Wiley, Nova Iorque. Pp. 23-61.

NSIA [Agência Nacional da Indústria de Sementes]. 1998. *Registo de variedades de culturas,* 102 pp. Edição nº 1. Addis Ababa, Etiópia.

NSIA [Agência Nacional da Indústria de Sementes]. *Registo de Variedades Vegetais* 1999, 302 pp. Edição nº 2. Addis Ababa, Etiópia.

Nylin S., Janz N. e Wedell N. 1996. Preferência por plantas de oviposição e desempenho da prole na borboleta comum: correlações e conflitos. *Ento. Exp. App.* 80: 141-144.

Ohlander, L.J.R. 1980. Relatório de investigação sobre a produção de feijão frade (*Phaseolus vulgaris* L.) na Etiópia. 1972-1976. Universidade Sueca. 216p.

Paetau, I., Chen, C.Z. e Jane, J.L. 1994. Plástico biodegradável feito de produtos de soja: Efeito da preparação e do processamento nas propriedades mecânicas e na absorção de água. *Indust. Eng. Chem. Res* 33: 1821-1827.

Pass, B. C. e Parr, J. C. 1971. Ocorrência sazonal do pulgão da ervilha e de um parasita braconídeo, *Aphidius smithi,* no Kentucky. *J. Econ, Ento.* 64: 1150-1153.

Pickering, J. e Gutierrez, A.P. 1991. Impacto diferencial do patógeno *Panadora neoaphidis* Humber (Zygomycetes: Entomophthorales) na composição de espécies de *Acyrthosiphaphids* em alfafa. *Can. Ento.* 123: 315-320.

Polhill, R.M., Raven, P.H. e Stirton, C.H. 1981. Evolution and systematics of the Leguminosae.

Em RM Polhill, PH Raven, eds, *Advances in Legume Systematics Part 1*. Royal Botanic Gardens, Kew, Reino Unido, pp 1-26.
Ponsen, M.B. 1972. Os locais de multiplicação do vírus do enrolamento da folha da batateira no seu vetor, *Myzus persicae*: um estudo anatómico. Mededelingen Land Bouwhoge School Wageningen, 72:1-147.
Price, P.W. 1991. A hipótese do vigor da planta e o ataque de herbívoros. *Oiko* 62: 244 - 251.
Rangaswamy, R. 1995. A text book of Agricultural statistics. New age international New Delhi, Índia. 496p.
Rassoulian, G.R. 1992. A biologia do pulgão da ervilha verde, *Acyrthosiphon pisum* (Harris), na luzerna em Karaj, Irão. *Iranian J. Agri. Sci.* 22(3-4): 1-7.
Ready, B. e Mayo, M. A. 2002. Persistent transmission of lute viruses by aphids. *Advances in Bot. Res.* 36:21-46.
Ross, I.K., Mcvean, A. e Dixon, F.G. 2001. The effect of plant drought stress on populations of the pea aphid *Acyrthosiphonpisum*. *Ecol. Ento.* 26: 440 - 443.
Ruppel, R.F.1983. Dias acumulados de insectos como um índice de proteção das culturas. *J. Econ. Ento.* 76: 375-377.
Sandstrom J. 1994. Elevada variação na adaptação do hospedeiro entre clones do pulgão da ervilha, *Acyrthosiphonpisum,* em ervilhas, *Pisum sativum*. *Ento. Exp. App.* 71(3): 245-256.
SAS Institute Inc. 2003. JMP 5.0.1. Software de computador executado na versão Windows. www. JMP.com.
Schoonhoven, L.M., Van Loon, J.A. e Dicke. M. 2005. Biologia dos Insectos e das Plantas. 2nd edn. Oxford University Press, Oxford, Reino Unido. 234p.
Sharp, J.C. e Andrade, M. 1994. Uma investigação sobre o comportamento do pulgão da ervilha, *Acyrthosiphon pisum*. Association for Biology Laboratory Education (ABLE) ~ http://www.zoo.utoronto.ca/able.
Schmutterer, H. 1971. Contribuição para o conhecimento da fauna de pragas das culturas na Etiópia. *Zeitschrift fuer Angewandte Ento.* 67: 371-389.
Schumutterer, H. 1969. Pragas das culturas no Nordeste e na África Central. Gustav Fischer, Stuttgart. 35p.
Soroka J.J. e Mackay P.A. 1990. Crescimento do pulgão da ervilha, *Acyrthosiphon Pisum (Homoptera: Aphididae)*, populações em plantas enjauladas de seis cultivares de ervilhas e os efeitos dos pulgões da ervilha nos componentes da colheita de ervilhas enjauladas. *Can. Entol.* 122: 1193 - 1199.
Sousa-Silva, C.R., Pachec, J.M. e Ilharco, F.A. 1998. Pulgões em luzerna no Brasil (*Homptera: Aphididae*).
Revista Brasileira de Ento. 41(2 e 4): 285-288.
Stacey D.A. e Fellowes, M.D.E. 2002. Influência da temperatura na resistência do pulgão da ervilha, *Acyrthosiphon pisum,* ao ataque de inimigos naturais. *Bull. Ento. Res.* 92: 351- 357.
Stary, P., Gerdoing, M., Norambuena, H. e Remaudiere, G. 1993. Investigação ambiental sobre agentes de controlo biológico de parasitóides de afídeos no Chile (Hymenoptera: Aphidiidae; Homoptera: Aphidoidea). *J. App. Ento.*115: 292-306.
Stoll, G. 2000. Proteção natural das culturas nas regiões tropicais: Letting Information Come to Life. Margraf Verlag, Weikersheim. 378p.
Sullivan, D.J. 2008. Afídeos (Hemiptera: Aphididae). *In*: *Encyclopedia of Entomology,* 2 edn. pp. 191-215, (Capinera, J.L., ed). Springer, Florida.
Sutherland, O.R. W. 1969a. O papel da aglomeração na produção de formas aladas por duas estirpes do pulgão da ervilha, *Acyrthosiphon pisum. J. Ins. Physiol. 15:1385-1410.*
Sutherland, *O.* R. W. 1969b. O papel da planta hospedeira na produção de formas aladas por duas estirpes do pulgão da ervilha, *Acyrthosiphon pisum.* J. Ins. Physiol.15: 2179-2200.
Tadesse Gebremedin. 1990. Estudo de avaliação de perdas para a infestação do pulgão da ervilha (*Acyrthosiphon pisum*) (Harris) na ervilha forrageira. Pp. 75 - 83. *In: proceedings of 10th annu. Reunião de Ethio. Ento. (CEE).* 7 - 9 de fevereiro de 1990. Addis Abeba. CEE. Adis Abeba.
Thompson, J.N. e Pellmyr, O. 1991. Evolução do comportamento de oviposição e preferência por hospedeiros em Lepidoptera. *Ann. Rev. Ento.* 36: 65-89.
Tsedeke Abate, Negassi Ferede e Kemal Ali. 1986. A review of grain legume pest management research in Ethiopia. Pp. 327 - 344. *In: proceedings of 1st crop protection symposium, 4-9*

February 1985. Addis Ababa, Ethiopia (Ed. By Tsedeke Abate). IAR. Adis Abeba, Etiópia.
Tsedeke Abate, Tadesse Gebremedin e Kemal Ali. 1982. Arthropod Pests of Grain Legumes in Ethiopia: Their Importance and Distribution. Inst. Agri. Res. Addis Ababa, Ethiopia. 56p.
Urga, K., Fufa, H. Biratu, E. e Husain, A. 2005. Avaliação de *Lathyrus sativus* (L.) cultivado na Etiópia quanto à composição proximal, minerais, *3* -ODAP e componentes anti-nutricionais. *African J. Agri. Food and Nutr. Dev.* 5(1): 1-15.
Vance, C.P., Graham, P.H. e Allan, D.L. 2000. Biological nitrogen fixation. Phosphorus: a critical future need. *Em* Pedrosa, F.O., Hungria, M. Yates, M.G. e Newton, W.E. eds, Nitrogen Fixation: From Molecules to Crop Productivity. Kluwer Academic Publishers, Dordrecht, Países Baixos, pp 506-514.
Van den Bosch, R., E.I. Schlinger, C.F. Lagace e J.C. Hall, 1966. Parasitization of *Acyrthosiphon pisum* (Harris) by *Aphidius smithi* Sharma and Subba Rao, a density dependent process in nature (Homoptera: Aphididae) (Hymenoptera: Aphidiidae). Ecol. 47: 1049 - 1055.
Via, S. 1991. A estrutura genética da adaptação da planta hospedeira numa manta de retalhos espacial: Variabilidade demográfica entre clones de pulgões da ervilha transplantados reciprocamente. *Evolution.* 45(4): 827-852.
Voronina, E.G.1985. Regulação natural das populações de insectos por fungos entomophthoraceous. *Zashchita-Rastenii.*11:14- 16.
Wains, M.S., Ali, M.A., Hussain, M., Anwar, J., Zulkiffal, M. e Sabir, W. 2010. Dinâmica dos afídeos em relação a factores meteorológicos e a várias práticas de gestão no trigo para panificação. *J. Pl. Prot. Res,* 50 (3): 385- 393.
Wilson, H.K. e Quisenberry, S.S. 1986. Impacto da alimentação das larvas do gorgulho da luzerna (Coleóptero: Curculionidae) e do pulgão da ervilha (*Homoptera: Aphididae*) no rendimento e na qualidade do primeiro e segundo corte da luzerna. *J. Econ. Ento.* 79: 785-789.
Wnuk, A. e Wiech, K. 1996. O efeito do espaçamento, da data de sementeira e da cultura intercalar na ocorrência de pragas da ervilha. *Roczniki-Nauk Rolniczychseria- E.* 25(1/2): 9-14.
Zitter, T. A. e Providenti, R. 1984. Doenças virais da ervilha. Cornell Coop. *Ext. fact Sheet,* pp. 738-800.

ANEXOS

Anexo 1

Wondata Farm monitoring Resumo do modelo de ajuste, análise de variância e testes de efeito de interação para a flutuação da densidade do afídeo da ervilha

a) Resumo do modelo de ajuste

RSquare	0.990722
RSquare Adj	0.98971
Raiz do erro quadrático médio	82.36369
Média de resposta	660.2148
Observações (ou soma dos valores)	540

b) Análise de Variância

Fonte de variação	**DF**	**Soma de quadrados**	**Quadrado médio**		**Rácio F**
Modelo	53	35204732 1	6642402		979.1598
Erro	486	3296916		6784	Prob > F
C. Total	539	35534423 7			0.0000
c) Testes de efeito de interação					
Fonte de variação		**DF**	**SS**	**Rácio F**	**Prob > F**

Ano		1	13314856	1962.75	<.0001
Data da amostragem		8	100301272	1848.183	0.0000
Ano*Data de amostragem		8	61889438	1140.394	<.0001
Sistema de exploração agrícola		2	59688382	4399.347	<.0001
Ano*Sistema de exploração		2	9502515	700.3852	<.0001
Data de amostragem*Sistema de exploração		16	45055593	415.1042	<.0001
Ano* Data de amostragem* Sistema de exploração		16	62295264	573.9360	<.0001

Anexo 2 Monitorização da exploração Woreta Resumo do modelo de ajustamento, análise de variância e testes de efeito de interação para a flutuação da densidade do afídeo da ervilha

a) Resumo do modelo de ajuste

RSquare	0.978827
RSquare Adj	0.976518
Raiz do erro quadrático médio	53.04636
Média de resposta	269.9
Observações (ou soma dos valores)	540

b) Análise de Variância

Variação de origem	**DF**	**Soma de quadrados**	**Quadrado médio**	**Rácio F**

Modelo	53	63221097	1192851	423.9113
Erro	486	1367563	2814	Prob > F
C. Total	539	64588661		0.0000

c) Testes de efeito de interação

Fonte de variação	**DF**	**SS**	**Rácio F**	**Prob > F**
Ano	1	71876	274.3067	<.0001
Datas de amostragem	8	26497223	1177.062	0.0000
Ano*Datas de amostragem	8	2958564	131.4256	<.0001
Sistema de exploração agrícola	2	5557563	987.5140	<.0001
Ano*Sistema de exploração	2	4858332	863.2688	<.0001
Datas de amostragem*Sistema de exploração	16	11379054	252.7406	<.0001
Ano* Datas de amostragem*Sistema de exploração	16	11198485	248.7300	<.0001

Anexo 3: Dinâmica da densidade do afídeo da ervilha Wondata Resumo do modelo de ajuste, análise de variância e efeitos de interação devidos a várias fontes de variação

a) Resumo do modelo de ajuste

RSquare	0.947887
RSquare Adj	0.922072
Raiz do erro quadrático médio	117.8144
Média de resposta	302.2006
Observações (ou soma dos valores)	324

b) Análise de Variância

Fonte	**DF**	**Soma de quadrados**	**Quadrado médio**	**Rácio F**
Modelo	107	54533127	509655	36.7180
Erro	216	2998133	13880	Prob > F
C. Total	323	57531260		<.0001

c) Testes de efeito de interação

Fonte	**DF**	**SS**	**Rácio F**	**Prob >F**
Ano	1	1542150	111.1040	<.0001
Data de amostragem	8	8640917	77.8167	<.0001

Ano* Data de amostragem	8	11293035	101.7006	<.0001
Aplicação de inseticida	1	11624690	837.4990	<.0001
Ano*Aplicação de inseticida	1	78992	5.6910	0.0179
Data de amostragem* Aplicação de inseticida	8	3526143	31.7551	<.0001
Ano* Data de amostragem* Aplicação de inseticida	8	10713020	96.4772	<.0001
Época de sementeira	2	335053	12.0694	<.0001
Ano*Época de sementeira	2	48642	1.7522	0.1758
Data da amostragem *Tempo de sementeira	16	2020644	9.0986	<.0001
Ano* Data de amostragem*Época de sementeira	16	1947965	8.7713	<.0001
Aplicação de inseticida*Época de sementeira	2	51308	1.8482	0.1600
Ano*Aplicação de inseticida*Época de sementeira	2	71260	2.5670	0.0791
Data de amostragem*Aplicação de inseticida*Tempo de sementeira	16	727525	3.2759	<.0001

Ano*Data de amostragem*Aplicação de inseticida*Tempo de sementeira16	1911784	8.6084	<.0001

Anexo 4 Dinâmica da densidade do afídeo da ervilha Woreta Resumo do modelo de ajuste, análise de variância e efeitos de interação devidos a várias fontes de variação

a) Resumo do modelo de ajuste

RSquare	0.904122
RSquare Adj	0.856845
Raiz do erro quadrático médio	54.29122
Média de resposta	93.4
Observações (ou soma dos valores)	325

b) Análise de Variância

Fonte	**DF**	**Soma de quadrados**	**Quadrado médio**	**Rácio F**
Modelo	107	6031508.6	56369.2	19.1242
Erro	217	639615.4	2947.5	Prob > F
C. Total	324	6671124.0		<.0001

c) Testes de efeito de interação

Fonte	**DF**	**SS**	**Rácio F**	**Prob > F**
Ano	1	12204.8	4.1407	0.0431
Datas de amostragem	8	1482783.0	62.8823	<.0001
Ano* Datas de amostragem	8	429980.8	18.2348	<.0001

Aplicação de insecticidas.	1	622011.8	211.0277	<.0001
Ano*Aplicação de inseticida	1	318316.1	107.9939	<.0001
Datas de amostragem*Aplicação de inseticida	8	581780.5	24.6723	<.0001
Ano* Datas de amostragem*Aplicação de inseticida	8	479589.5	20.3386	<.0001
Época de sementeira	2	3370.8	0.5718	0.5654
Ano*Época de sementeira	2	28339.7	4.8074	0.0091
Data de amostragem*Tempo de sementeira	16	581238.3	12.3247	<.0001
Ano* Data de amostragem*Época de sementeira	16	557954.8	11.8310	<.0001
Aplicação de inseticida *Tempo de sementeira	2	14089.6	2.3901	0.0940
Ano*Aplicação de inseticida*Tempo de sementeira	2	12043.8	2.0430	0.1321
Data de amostragem*Aplicação de inseticida*Tempo de sementeira	16	434572.3	9.2147	<.0001
Ano*Data de amostragem*Aplicação de inseticida*Tempo de sementeira	16	476078.1	10.0948	<.0001

Anexo 5 Análise da flutuação dos dias individuais do pulgão da ervilha em Wondata e Woreta Resumo do modelo de ajuste, análise de variância e testes de efeito de interação

a) Resumo do modelo de ajuste

RSquare	0.967911
RSquare Adj	0.95194
Raiz do erro quadrático médio	204.264
Média de resposta	572.5789
Observações (ou soma dos valores)	648

b) Análise de Variância

Fonte	DF	Soma de quadrados	Quadrado médio	Rácio F
Modelo	215	543676464	2528728	60.6064
Erro	432	18024676	41724	Prob > F
C. Total	647	561701140		<.0001

c) Testes de efeito de interação

Fonte	DF	SS	Rácio F	Prob > F
Localização	1	60461201	1449.082	<.0001
Ano	1	8401971	201.3712	<.0001

Localização*Ano	1	7199347	172.5478	<.0001
Data da amostragem	8	59774326	179.0775	<.0001
Local* Data da amostragem	8	34375583	102.9856	<.0001
Ano* Data de amostragem	8	42348934	126.8729	<.0001
Local*Ano* Data da amostragem	8	44696161	133.9049	<.0001
Aplicação de insecticidas.	1	75017844	1797.963	<.0001
Localização*Aplicação de inseticida.	1	28971822	694.3718	<.0001
Ano*Aplicação de inseticida	1	131234	3.1453	0.0769
Localização*Ano*Aplicação de inseticida	1	4108459	98.4680	<.0001
Data de amostragem *Aplicação de inseticida	8	24684231	73.9513	<.0001
Local* Data de amostragem *Aplicação de inseticida	8	11887753	35.6144	<.0001
Ano* Data de amostragem *Aplicação de inseticida	8	53073835	159.0035	<.0001

Localização*Ano* Data de amostragem *Aplicação de inseticida	8	31399448	94.0694	<.0001
Época de sementeira	2	1671017	20.0248	<.0001
Localização*Época de sementeira	2	1384092	16.5864	<.0001
Ano*Época de sementeira	2	267666	3.2076	0.0414
Localização*Ano*Tempo de sementeira	2	512053	6.1362	0.0024
Data da amostragem *Tempo de sementeira	16	7554242	11.3158	<.0001
Local*Data de amostragem *Tempo de sementeira	16	9735205	14.5828	<.0001
Ano* Data de amostragem *Época de sementeira	16	8417195	12.6085	<.0001
Local*Ano*Data de amostragem *Tempo de sementeira	16	5779220	8.6570	<.0001
Aplicação de inseticida*Época de sementeira	2	337418	4.0435	0.0182
Localização*Aplicação de inseticida*Tempo de sementeira	2	284550	3.4099	0.0339
Ano*Aplicação de inseticida*Tempo de sementeira	2	157988	1.8933	0.1518

Localização*Ano*Aplicação de inseticida*Tempo de sementeira	2	67144 2	8.0463	0.000 4
Data de amostragem *Aplicação de inseticida *Tempo de sementeira	16	462275 6	6.9246	<.000 1
Localização* /Data de amostragem *Aplicação de inseticida *Tempo de sementeira	16	170748 6	2.5577	0.000 9
Ano* Data de amostragem *Aplicação de inseticida *Tempo de sementeira	16	993858 0	14.8875	<.000 1
Local*Ano*Data de amostragem *Aplicação de inseticida *Tempo de sementeira	16	410340 6	6.1467	<.000 1

Anexo 6 Percentagem de danos em ervilha devido à infestação de afídeos da ervilha Resumo do modelo de ajuste, análise de variância e testes de efeito de interação

a) Resumo do modelo de ajuste

RSquare	0.844807
RSquare Adj	0.7704 43
Raiz do erro quadrático médio	7.2408 95
Média de resposta	25.347 22
Observações (ou soma dos valores)	72

b) Análise de Variância

Fonte	**DF**	**Soma de quadrados**	**Quadrado médio**	**Rácio F**

Modelo	23	13699.653	595.637	11.3605
Erro	48	2516.667	52.431	Prob > F
C. Total	71	16216.319		<.0001

c) Testes de efeito de interação

Fonte	**DF**	**SS**	**Rácio F**	**Prob > F**
Ano	1	378.1250	7.2119	0.0099
Localização	1	5425.3472	103.4768	<.0001
Ano*Localização	1	378.1250	7.2119	0.0099
Aplicação de insecticidas.	1	2750.3472	52.4570	<.0001
Ano*Aplicação de inseticida	1	0.3472	0.0066	0.9355
Localização*Aplicação de inseticida.	1	1653.1250	31.5298	<.0001
Ano*Localização*aplicação de inseticida.	1	42.0139	0.8013	0.3752
Época de sementeira	2	225.6944	2.1523	0.1273
Ano*Época de sementeira	2	868.7500	8.2848	0.0008

Localização*Época de sementeira	2	650.6944	6.2053	0.0040
Ano*Localização*Época de sementeira	2	193.7500	1.8477	0.1686
Aplicação de inseticida *Tempo de sementeira	2	488.1944	4.6556	0.0142
Ano*aplicação de inseticida*época de sementeira	2	67.3611	0.6424	0.5305
Localização*aplicação de inseticida*época de sementeira	2	452.0833	4.3113	0.0190
Ano*Localização*Aplicação de inseticida*Tempo de sementeira	2	125.6944	1.1987	0.3105

Anexo 7 Efeitos dos efeitos do afídeo da ervilha na produção de biomassa de ervilha modelo de ajuste resumido, análise de variância e testes de efeito de interação

a) Resumo do modelo de ajuste

RSquare	0.783668
RSquare Adj	0.680009
Raiz do erro quadrático médio	7.400788
Média de resposta	37.55556
Observações (ou soma dos valores)	72

b) Análise de Variância

Fonte	**DF**	**Soma de quadrados**	**Quadrado médio**	**Rácio F**

Modelo	23	9523.778	414.077	7.5601
Erro	48	2629.040	54.772	Prob > F
C. Total	71	12152.818		<.0001

c) Testes de efeito de interação

Fonte	**DF**	**SS**	**Rácio F**	**Prob > F**
Ano	1	186.8889	3.4121	0.0709
Localização	1	3416.8889	62.3842	<.0001
Ano*Localização	1	2.0000	0.0365	0.8493
Aplicação de insecticidas.	1	1824.0800	33.3034	<.0001
Ano*Aplicação de inseticida	1	75.2356	1.3736	0.2470
Localização*Aplicação de inseticida.	1	414.7200	7.5718	0.0083
Ano*Localização*Aplicação de inseticida	1	130.1422	2.3761	0.1298
Época de sementeira	2	80.8844	0.7384	0.4832
Ano*Época de sementeira	2	1204.7511	10.9979	0.0001
Localização*Época de sementeira	2	570.0844	5.2042	0.0090

Ano*Localização*Época de sementeira	2	173.7733	1.5863	0.2152
Aplicação de inseticida *Tempo de sementeira	2	590.4933	5.3905	0.0077
Ano*Aplicação de inseticida*Tempo de sementeira	2	174.9378	1.5970	0.2131
Localização*Aplicação de inseticida*Tempo de sementeira	2	445.4933	4.0668	0.0234
Ano*Localização*Aplicação de inseticida*Tempo de sementeira	2	233.4044	2.1307	0.1299

Anexo 8 Efeitos do afídeo da ervilha no rendimento do grão de ervilha modelo de ajuste sumário, análise de variância e testes de efeito de interação

a) Resumo do modelo de ajuste

RSquare	0.808949
RSquare Adj	0.717404
Raiz do erro quadrático médio	324.5117
Média de resposta	785.6574
Observações (ou soma dos valores)	72

b) Análise de Variância

Fonte	**DF**	**Soma de quadrados**	**Quadrado médio**	**Rácio F**
Modelo	23	21402969	930564	8.8366
Erro	48	5054777	105308	Prob > F
C. Total	71	26457746		<.0001

c) **Testes de efeito de interação**

Fonte	**DF**	**SS**	**Rácio F**	**Prob > F**
Ano	1	88708	0.8424	0.3633
Localização	1	12089928	114.8056	<.0001
Ano*Localização	1	778563	7.3932	0.0091
Aplicação de insecticidas.	1	3487322	33.1155	<.0001
Ano*aplicação de inseticida	1	268453	2.5492	0.1169
Localização*aplicação de inseticida.	1	19424	0.1844	0.6695
Ano*Localização*aplicação de inseticida.	1	143344	1.3612	0.2491
Época de sementeira	2	1169198	5.5513	0.0068
Ano*Época de sementeira	2	132404	0.6287	0.5376

Localização*Época de sementeira	2	1798148	8.5376	0.000 7
Ano*Localização*Época de sementeira	2	430196	2.0426	0.140 8
Aplicação de inseticida *Tempo de sementeira	2	649550	3.0841	0.054 9
Ano*Aplicação de inseticida*Tempo de sementeira	2	201643	0.9574	0.391 1
Localização*aplicação de inseticida*época de sementeira	2	31889	0.1514	0.859 9
Ano*Localização*Aplicação de inseticida*Tempo de sementeira	2	114201	0.5422	0.585 0

MIX
Papier aus verantwortungsvollen Quellen
Paper from responsible sources
FSC® C105338

Printed by Books on Demand GmbH, Norderstedt / Germany